高等职业院校精品教材系列

U0290565

电子元器件从入门到精通
——元器件识别、单元电路设计及技能训练

主 编　陈应华　廖 慧

副主编　刘志芳　赖庆莲

参 编　陈章亮　段瑞辰

電子工業出版社.

Publishing House of Electronics Industry

北京·BEIJING

内 容 简 介

本书根据教育部新的职业教育教学改革精神，结合多年的校企合作与课程改革经验与成果进行编写，主要介绍常见电子元器件的工作原理、性能参数、检测方法、扩展应用及其创意电路制作等内容。书中安排 9 个实用电路实例和 20 个电子制作实训项目，通过这些项目可以让读者熟练掌握使用电子元器件来开发电子产品的思路和方法。本书图文并茂、通俗易懂，其中大部分电路提供 Proteus 软件的仿真实例，以方便开展教学。

本书为高等职业本专科院校电子电路、电子产品设计、电子技术等课程的教材，也可作为开放大学、成人教育、自学考试、中职学校及培训班的教材，以及工程技术人员的参考书。

本书配有免费的电子教学课件、实训项目微课视频、仿真电路文件，详见前言。

图书在版编目（CIP）数据

电子元器件从入门到精通：元器件识别、单元电路设计及技能训练 / 陈应华，廖慧主编. —北京：电子工业出版社，2022.8

高等职业院校精品教材系列

ISBN 978-7-121-44177-6

Ⅰ.①电…　Ⅱ.①陈…　②廖…　Ⅲ.①电子元器件－高等职业教育－教材　Ⅳ.①TN6

中国版本图书馆 CIP 数据核字（2022）第 150973 号

责任编辑：陈健德（E-mail:chenjd@phei.com.cn）

特约编辑：张　星
印　　刷：北京虎彩文化传播有限公司
装　　订：北京虎彩文化传播有限公司
出版发行：电子工业出版社
　　　　　北京市海淀区万寿路 173 信箱　邮编　100036
开　　本：787×1 092　1/16　印张：9.25　字数：236.8 千字
版　　次：2022 年 8 月第 1 版
印　　次：2023 年 12 月第 2 次印刷
定　　价：39.00 元

凡所购买电子工业出版社图书有缺损问题，请向购买书店调换。若书店售缺，请与本社发行部联系，联系及邮购电话：（010）88254888，88258888。

质量投诉请发邮件至 zlts@phei.com.cn，盗版侵权举报请发邮件至 dbqq@phei.com.cn。

本书咨询联系方式：chenjd@phei.com.cn。

扫一扫下载本书
中 55 个 Proteus
仿真电路文件

前　言

　　本书根据教育部新的职业教育教学改革精神，结合多年的校企合作与课程改革经验与成果进行编写，主要介绍常见电子元器件的工作原理、性能参数、检测方法、扩展应用及其创意电路制作等内容。本书共分为 10 章，内容包括电阻、电容、电感、二极管、晶体管、场效应晶体管、晶闸管、光电器件、开关元件、继电器、干簧管、传感器、传声器、扬声器、石英晶体振荡器等电子元器件及其应用电路。

　　本书在常用电子元器件的基本性能基础上，深入介绍元器件的扩展应用及其创意电路制作，贯穿讲述电子产品涉及的电路设计及元器件知识。通过阅读本书，读者既能全面掌握常用电子元器件的使用常识，又能透彻了解常见电子产品的基本原理，对电子产品的研发、制造、使用和维修有一定的帮助。

　　本书安排 9 个实用电路实例和 20 个电子制作实训项目，通过这些项目可以让读者熟练使用电子元器件来开发电子产品，并做到举一反三、触类旁通。这些项目从工作原理学习开始，到软件仿真测试，再到硬件制作，由浅入深、循序渐进地完成。本书图文并茂、通俗易懂，其中大部分电路提供 Proteus 软件的仿真实例，方便开展教学。书中仿真电路图上的元器件符号及标注方式为软件原有格式，为与仿真软件显示保持一致未进行修改，请读者在阅读或使用时以这些元器件的最新标准或规范为准。

　　本书的编写受到广东省高校高端电源系统技术开发中心（2019GGCZX002）、广东省高职院校智能电气装备协同创新中心项目和广东省高校大功率高可靠电能变换与控制科研创新团队（2018GK CXTD003）的技术和资金支持。

　　本书的主编为广州科技贸易职业学院陈应华高级工程师、廖慧教授，副主编为广东工程职业技术学院刘志芳讲师、广州华南商贸职业学院赖庆莲讲师，参编为中山大学物理与天文学院陈章亮和广东药科大学医药信息工程学院段瑞辰。具体编写分工如下：陈应华编写第 1～3 章，赖庆莲编写第 4 章，陈章亮编写第 5 章，刘志芳编写第 6～9 章，廖慧编写第 10 章，段瑞辰绘制全书的 Proteus 仿真实例电路图，陈应华负责全书的统稿工作。广东工程职业技术学院胡光明副教授和中山市倍能照明科技有限公司（广州科技贸易职业学院校企合作企业）鲍民总经理对全书进行审阅，在此一并表示感谢。

　　由于时间紧张和编者水平有限，书中疏漏之处在所难免，望广大读者和同仁给予批评和指正。

　　为方便教师教学，本书还配有免费的电子教学课件、实训项目微课视频、仿真电路文件，请有此需要的教师扫一扫书中二维码阅看或下载，也可登录华信教育资源网（http://www.hxedu.com.cn）免费注册后进行下载，在有问题时请在网站留言或与电子工业出版社联系（E-mail:hxedu@phei.com.cn）。

编　者

目　录

第1章

电阻、电容和电感

扫一扫看第1章
电阻、电容和电
感教学课件

1.1 电阻、电容、电感基础

电阻、电容、电感是三种经常使用的电子元件，通常这些元件都属于二端元件，即有两个端头用来与其他元件相连接。电阻、电容、电感不需要附加电源就可以工作，只需要加信号即可，所以称为无源元件。相比较而言，晶体管、集成电路等有源元件则需要在电源的作用下才能起正常的作用。

对于电阻、电容和电感，它们两端的电压与通过的电流之间都有确定的约束关系，这种关系称为元件的伏安特性。该特性由元件的固有性质决定，元件不同时其伏安特性不同。通常可以用数学方程式来表示伏安特性，这也称为该元件的特性方程或约束方程。

1.1.1 电阻及其特性

电阻是具有一定电阻值（简称阻值）的元件，在电路中用于控制电流、电压等信号的大小。在电路图中电阻用字母 R 表示，电路图中常用的电阻图形符号如图 1.1 所示。

固定电阻　　　压敏电阻　　　可调电阻　　　电位器

图 1.1　常用的电阻图形符号

1. 电阻的分类

1）按伏安特性分类

按伏安特性，电阻可分为线性电阻和非线性电阻两种。

（1）对于大多数电阻来说，在一定的温度下，其电阻值几乎维持不变而为一固定值，这类

电阻称为线性电阻，其伏安特性符合欧姆定律，在坐标系中为一条直线。在常温下，金属导体都属于线性电阻。

（2）有些材料的电阻值明显地随着电流（或电压）而变化，其伏安特性在坐标系中是一条曲线，这类电阻称为非线性电阻，如压敏电阻、热敏电阻、光敏电阻等。

2）按材料分类

按材料，电阻可分为绕线电阻和各种膜电阻。

（1）绕线电阻由镍铜、锰铜或镍铬合金丝等绕在绝缘骨架上制成，表面有保护漆或玻璃釉绝缘层。绕线电阻具有低温度系数、高精度、高稳定性、耐热、耐腐蚀等特点，主要用作大功率精密电阻使用。但是由于其是绕制而成的，有电感效应，所以缺点是高频性能差。

（2）碳膜电阻是在瓷管上镀一层碳膜而制成的，用控制膜厚度和刻槽的方法控制电阻值。碳膜电阻是目前应用最广泛的电阻，其成本低、性能一般。

（3）金属膜电阻是在瓷管上镀一层导电金属膜而制成的，用控制金属膜厚度和刻槽的方法控制电阻值。相比于碳膜电阻，金属膜电阻的精度高、稳定性好、噪声和温度系数小，广泛用作高精密和高稳定性电阻，在通信设备及仪器仪表电路中大量采用。

（4）金属氧化膜电阻是在瓷管上镀一层金属氧化物膜而制成的，或在陶瓷、玻璃绝缘棒上沉积一层金属氧化物膜制成，主要特点是在高温下具有稳定性。

3）按安装工艺分类

按安装工艺，和所有的元器件一样，电阻也分为直插式电阻和贴片式电阻两种。

常见的直插式电阻如图 1.2 所示，如 1/8 W、1/4 W 的常见电阻及水泥电阻等都为直插式安装。

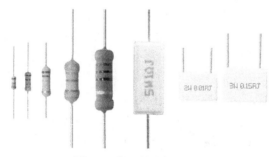

图 1.2　常见的直插式电阻

4）特殊电阻

另外还有一些特殊的电阻，如熔断电阻和敏感电阻。

（1）熔断电阻又称为保险电阻，通常作为熔丝使用，当电路出现故障等导致电流增加到一定值时，它会像熔丝一样熔断使连接电路断开。熔断电阻是低阻值的限流保护元件，当电流超过一定值后阻值上升、发热增大，直至熔断，起到电路保护作用。

（2）敏感电阻是对温度、湿度、光照、电压、机械力及气体浓度等物理量具有敏感特性的电阻，当这些量发生变化时，敏感电阻的阻值就会随之而发生改变，也称为传感器元件。

2. 电阻的功率

电阻的功耗与其封装有密切的关系，在电子设计软件如 ALTIUM DESIGNER 中，电阻

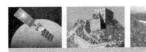

常见的封装为 AXIAL-×，具体可以参考图 1.3。

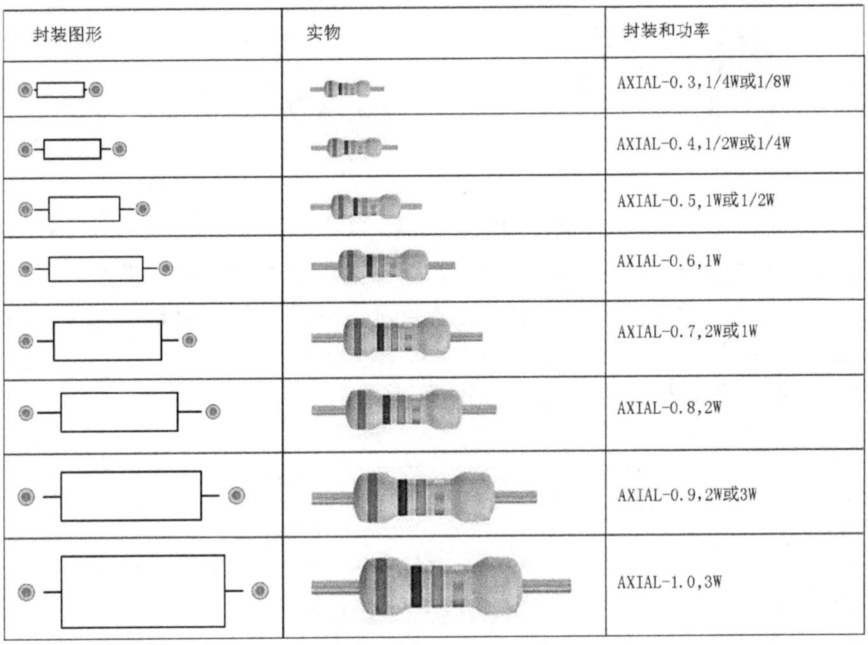

封装图形	实物	封装和功率
		AXIAL-0.3，1/4W 或 1/8W
		AXIAL-0.4，1/2W 或 1/4W
		AXIAL-0.5，1W 或 1/2W
		AXIAL-0.6，1W
		AXIAL-0.7，2W 或 1W
		AXIAL-0.8，2W
		AXIAL-0.9，2W 或 3W
		AXIAL-1.0，3W

图 1.3　直插式电阻的封装和功率对照

随着电子产品小型化的要求，电阻更多地使用贴片式封装，通常封装的尺寸使用英寸（in）表示，1 in≈2.54 cm。如 0402 的封装中，04 表示长度是 0.04 in，02 表示宽度是 0.02 in。常见贴片式电阻的封装名称和尺寸、功耗对照如表 1.1 所示。

表 1.1　常见贴片式电阻的封装名称和尺寸、功耗对照

封装名称	英制尺寸（长×宽）	公制尺寸（长×宽）	功　耗
0402	0.04 in×0.02 in	1.0 mm×0.5 mm	1/16 W
0603	0.06 in×0.03 in	1.6 mm×0.8 mm	1/10 W
0805	0.08 in×0.05 in	2.0 mm×1.2 mm	1/8 W
1206	0.12 in×0.06 in	3.2 mm×1.6 mm	1/4 W
1210	0.12 in×0.10 in	3.2 mm×2.5 mm	1/4 W
1812	0.18 in×0.12 in	4.5 mm×3.2 mm	1/2 W
2512	0.25 in×0.12 in	6.4 mm×3.2 mm	1 W

常用的贴片式电阻封装有 0402、0603、0805 等，图 1.4 所示为 0805 封装的电阻实物及封装尺寸，其中 0805 封装的焊盘尺寸在电子设计软件中经常用到。

电阻的国际单位是欧姆，简称欧，用符号 Ω 表示。常用的单位还有 kΩ、MΩ，它们的换算关系如下：

$$1 \text{ M}\Omega = 10^3 \text{ k}\Omega = 10^6 \text{ }\Omega$$

在电路图中，电阻值通常用数字和单位符号直接标出，行业中也有用数字或字符组合来表示的，如 360 为 360 Ω、2R2 为 2.2 Ω、1 k 为 1 kΩ 等。

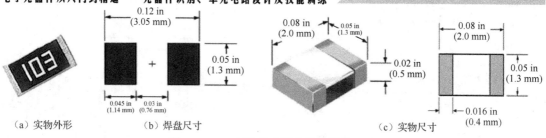

（a）实物外形	（b）焊盘尺寸	（c）实物尺寸

图 1.4　0805 封装的电阻实物及封装尺寸

电阻是从实际电阻如电灯泡、电炉、电烙铁等抽象出来的理想化模型，是电路中消耗电能的理想二端元件。对这类实际电阻，当忽略其电感等微弱作用时，可将它们抽象为仅具有消耗电能作用的电阻元件。

通常，电阻的伏安特性曲线是一条过原点的直线，即为欧姆定律。

电阻的特性方程：$U = IR$。

电阻的功率：$P = UI = \dfrac{U^2}{R} = I^2 R$。

上式表明，电阻吸收的功率恒为正值，而与其上的电压、电流的方向无关。因此，电阻元件又称为耗能元件。

在选用电阻时，除选择合适电阻值的电阻外，电阻的额定功率必须高于实际的最大工作功率，否则，如果实际工作功率过高，电阻发热严重时就会被烧毁或发生电阻值变化。

1.1.2　电容及其特性

电容是具有一定电容值的元件，在电路中多用来滤波、隔直、交流耦合、交流旁路及与电阻或电感组成振荡回路等。实际上电容是由两片金属极板中间充满绝缘电介质（如空气、云母、绝缘纸、塑料薄膜、陶瓷等）构成的。在电路图中电容用字母 C 表示，电路图中常用的电容图形符号如图 1.5 所示。

固定电容　　电解电容　　可变电容　　微调电容

图 1.5　常用的电容图形符号

1. 电容的分类

1）按结构分类

按结构，电容可分为固定电容、可变电容和半可变电容三种。

（1）固定电容的电容值是相对固定不变的，当然固定电容的电容值会随着电压和温度等的改变有微小的变动。

（2）可变电容的电容值是可以改变的，类似于滑动电阻可以改变阻值一样。可变电容一般通过改变极片间相对的有效面积来改变电容值，可变电容多用于无线电接收电路中作为调谐电容。

（3）半可变电容又称为微调电容，与可变电容的区别是其电容值的改变范围很小，用于不需要经常改变电容值的场合。

2）按极性分类

按极性，电容可分为极性电容和无极性电容两种。

（1）极性电容的引脚是具有正负极性的，接反时不能正常工作，甚至产生严重后果，如电解电容接反可能会炸裂。极性电容的电容值一般比较大。

（2）非极性电容的引脚是没有正负极性之分的，使用更加方便。

3）按介质分类

按介质分类是最重要的分类方式，电容按此方式可分为很多种。

（1）气体介质电容，如空气电容。

（2）电解电容，如铝电解电容和钽电解电容。

（3）无机介质电容，如瓷介电容、云母电容、玻璃釉电容、独石电容等。

（4）有机介质电容，如聚丙烯电容（PP 电容、CBB 电容）、金属化聚丙烯电容（MKP 电容）、金属化聚乙酯电容（MKT 电容）、聚酯电容（涤纶电容）、聚苯乙烯电容（PS 电容）、聚碳酸电容、聚乙酯电容（Mylar 电容）等。

2. 电容的性能

电容的种类很多，性能也各异。在电子设计软件中，常见的片状直插式电容封装为 RAD-× 系列，其中×表示引脚间距，单位为英寸。常见的柱状直插式电容的封装为 RB×-× 系列，其中×分别表示引脚间距、外径，单位为 mm。如 RB5-10.5 表示引脚间距为 5 mm，外径为 10.5 mm。常见的直插式电容封装如图 1.6 所示。

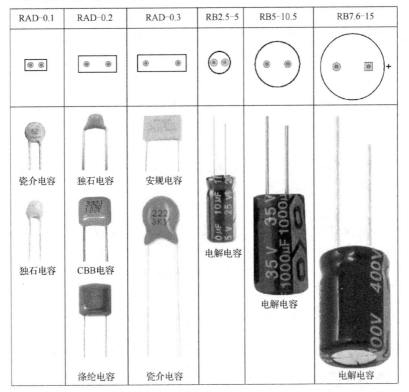

图 1.6　常见的直插式电容封装

无极性的贴片式电容的系列封装有 0402、0603、0805、1206、1210、1808、1812、2010、2225、2512，以 0805 和 0603 两类封装最为常见。有极性电容即平时所称的电解电容，使用最多的为铝电解电容，其温度稳定性及精度都不是很高，而钽电解电容的温度稳定性及精度要高很多。由于贴片式电容紧贴电路板，其温度变化大，所以贴片式电容多为钽电解电容。表 1.2 为常见的贴片式钽电解电容的封装名称和尺寸对照。贴片式铝电解电容通常采用圆形贴片式封装。常见的贴片式电容如图 1.7 所示。

| 钽电解电容 | 钽电解电容 | 钽电解电容（底部） | 陶瓷电容 | 铝电解电容 |

图 1.7　常见的贴片式电容

表 1.2　常见的贴片式钽电解电容的封装名称和尺寸对照

封装代号	封装名称	英制尺寸（长×宽）	公制尺寸（长×宽）
A	3216	0.126 in×0.063 in	3.2 mm×1.6 mm
B	3528	0.138 in×0.110 in	3.5 mm×2.8 mm
C	6032	0.236 in×0.126 in	6.0 mm×3.2 mm
D，E	7343	0.287 in×0.169 in	7.3 mm×4.3 mm

电容的国际单位是法拉，简称法，用符号 F 表示。常用的单位还有 μF、nF、pF，它们的换算关系如下：

$$1F = 10^6\,\mu F = 10^9\,nF = 10^{12}\,pF$$

在电路图中，电容值通常用数字和单位符号直接标出，行业中也有用数字或字符组合表示的，如 103 为 $1×10^3$ pF、360 p 为 360 pF、100 uF 为 100 μF、2u2 为 2.2 μF 等。

电容是从实际电容抽象出来的理想化模型，是电路中储存电场能量的理想二端元件。当忽略实际电容的绝缘电阻（又称漏电电阻）和引线电感等微弱特性时，可将它们抽象为仅具有储存电场能量特性的电容元件。

电容的电压、电流关系是十分重要的。当电容两端的电压发生变化时，极板上聚集的电荷量也相应地发生成比例的变化，这时电容所在的电路中就因为电荷的定向移动，形成了电流。当电容两端的电压固定不变时，极板上的电荷量也不变化，电路中也就没有电流。电容的电流与它的电压变化率成正比，比例常数 C 称为电容值（也称为电容量或容量），它是表征电容元件特性的参数。

当电容的电压 u 和电流 i 的方向一致时，电容的特性方程为 $i = C\dfrac{\mathrm{d}u}{\mathrm{d}t}$。

该式也表明，电容的电压不能突变，电容在直流电路中相当于开路。

电容储存电场能量的公式为 $W = \dfrac{1}{2}CU^2$。

该式表明，电容在某时刻储存的电场能量 W 只与该时刻电容的端电压 U 有关。当电压增大时，电容从外电路吸收能量，储存的能量增加，为电容的充电过程；当电压减小时，电容向外电路释放能量，储存的能量减少，为电容的放电过程。理想的电容在充、放电过程中自身并不消耗能量。因此，电容是一种储能元件。

在选用电容时，除选择合适的电容值外，电容的额定电压或耐压必须高于实际的最大工作电压，否则，如果实际工作电压过高，电容的绝缘电介质就会被击穿，电容就会被损坏。

1.1.3　电感及其特性

电感是具有一定电感值的元件，在电路中多用来对交流信号进行隔离、滤波或组成谐振电路等。实际上电感线圈就是用漆包线或裸导线等一匝挨着一匝地绕在绝缘管、铁芯或磁芯上的，线圈与线圈之间又彼此绝缘。在电路图中电感用字母 L 表示，电路图中常用的电感图形符号如图 1.8 所示。

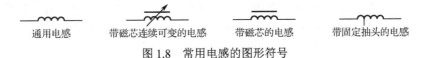

| 通用电感 | 带磁芯连续可变的电感 | 带磁芯的电感 | 带固定抽头的电感 |

图 1.8　常用电感的图形符号

电感一般由骨架、线圈、铁芯或磁芯、屏蔽罩等几部分组成。

（1）骨架：绕制线圈的支架，但空心电感可能无骨架。

（2）线圈：具有规定功能的一组线圈，为最基本的组成部分。

（3）铁芯或磁芯：用于增强电磁感应，但空心电感无铁芯或磁芯。

（4）屏蔽罩：电感在工作时会产生磁场，屏蔽罩可以避免影响其他元器件和电路的正常工作。

电感的种类很多，按其结构不同可分为绕线式电感和非绕线式电感（如多层片状电感、印刷电感等），按可调性又可分为固定电感和可调电感。

固定电感又分为空心电感、磁芯电感、铁芯电感。

可调电感又分为磁芯可调电感（磁芯位置可调节）、铜芯可调电感、滑动可调电感、串联互感可调电感和多抽头可调电感等。

电感按工作频率可分为高频电感、中频电感和低频电感。空心电感一般为高频电感，磁芯电感和铜芯电感一般为中频或高频电感，而铁芯电感多数为低频电感。

常见的直插式电感如图 1.9 所示。

图 1.9　常见的直插式电感

随着电子产品不断小型化的要求，出现了更多的贴片式电感，常见的贴片式电感有绕线式和叠层式两种类型。其中绕线式是传统绕线式电感贴片化的产物，叠层式是采用多层印刷技术和叠层工艺制作的，体积比绕线贴片式电感还要小。常见的叠层式电感封装有0402、0603、0805、1206 等。图 1.10 所示为常见的贴片式电感，其中最后一个为叠层式电感，其余的为绕线式电感。

图 1.10　常见的贴片式电感

电感的国际单位是亨利，简称亨，用符号 H 表示。常用的单位还有 mH 和 μH 等，其换算关系如下：

$$1\,\mathrm{H} = 10^3\,\mathrm{mH} = 10^6\,\mathrm{\mu H}$$

在电路图中，电感值通常用数字和单位符号直接标出，行业中也有用数字或字符组合表示的，如 221 为 220 μH、47 为 47 μH、4n7 为 4.7 nH、4r7 为 4.7 μH 等。

电感是从实际电感线圈抽象出来的理想化模型，是电路中储存磁场能量的理想二端元件。当忽略实际电感线圈的直流电阻和线圈与线圈之间的分布电容等特性时，可将它们抽象为仅具有储存磁场能量特性的电感元件。

电感的电压、电流关系是十分重要的。当电感中的电流发生变化时，电感感应出的磁场也会发生相应的变化，而磁场的变化又引起感应电动势的产生，这时电感两端就有感应电压。当电感中的电流固定不变时，电感感应出的磁场也不变化，这时电感两端没有感应电压。电感的电压与电流的变化率成正比，比例常数 L 称为电感值（也称为电感量或感量），它是表征电感元件特性的参数。

当电感的电压 u 和电流 i 的方向一致时，电感的特性方程为 $u = L\dfrac{\mathrm{d}i}{\mathrm{d}t}$。

该式也表明，电感的电流不能突变，电感在直流电路中相当于短路。

电感储存磁场能量的公式为 $W = \dfrac{1}{2}LI^2$。

该式表明，电感在某时刻储存的磁场能量 W 只与该时刻电感的电流 I 有关。当电流增大时，电感从外电路吸收能量，储存的能量增加，为电感的充电过程；当电流减小时，电感向外电路释放能量，储存的能量减少，为电感的放电过程。理想的电感在充、放电过程中自身并不消耗能量。因此，电感和电容一样，也是一种储能元件。

在选用电感时，除选择合适的电感值外，电感的额定电流必须大于实际工作电流的有效值，否则，如果实际工作电流过大，电感就会被损坏，或者进入磁饱和状态。

1.2　电阻、电容、电感的主要性能参数

1.2.1　电阻的主要性能参数

1. 标称阻值

标称阻值是指电阻上所标示的阻值。

2. 允许偏差

允许偏差是指标称阻值与实际阻值的误差值，通常用百分比表示，它表示电阻的精度。

碳膜电阻和金属膜电阻是很常见的电阻，这两种色环电阻从外观上看的区别：金属膜电阻有五个色环，而碳膜电阻的色环多为四个 GB/T 2691—2016《电阻器和电容器的标志代码》对电阻值和电容量以及允许偏差的标志方法等作出了规定。金属膜电阻的体色为蓝色，碳膜电阻的体色为土黄色或其他的颜色，从颜色上可以区分碳膜电阻和金属膜电阻，但并不严格。比较好的区分方法有以下两种。

（1）用刀片刮开保护漆，露出电阻膜的颜色如为黑色则为碳膜电阻，如为亮白色则为金属膜电阻。

（2）由于金属膜电阻的温度系数比碳膜电阻小得多，所以当温度变化时金属膜电阻的阻值变化很小。基于这点，可以用万用表测量电阻的阻值，同时用烧热的电烙铁靠近电阻，如果阻值变化较大，则为碳膜电阻，变化较小的则为金属膜电阻。

3. 额定功率

额定功率是指在正常的大气压力及环境温度为-55～+70 ℃的条件下，电阻长期工作所允许耗散的最大功率。也就是说，电阻在 70 ℃环境和额定功率下使用时不会被烧坏。

常用电阻的额定功率有 1/8 W、1/4 W、1/2 W、1 W、2 W、5 W、10 W 等。

额定功率与电阻的封装和耐热性能等有密切关系。

1.2.2　电容的主要性能参数

1. 标称容量与允许偏差

标称容量为电容上标示的电容量，允许偏差为电容所允许的最大误差范围。精密电容的允许偏差较小，而电解电容的允许偏差则较大。

2. 额定电压

在电路中电容能够长期稳定、可靠工作，所能承受的最大直流电压为额定电压，又称耐压，超过该电压容易导致电容被击穿。对于结构、介质和容量均相同的电容，其耐压越高，体积也越大。常用固定电容的额定电压有 6.3 V、10 V、16 V、25 V、40 V、63 V、100 V、160 V、250 V、400 V 等。

3. 绝缘电阻

绝缘电阻是用来表征电容漏电流大小的。一般小容量的电容，绝缘电阻很大，为几百到几千 mΩ。电解电容的容量往往在 μF 级，它的绝缘电阻相对较小。电容的绝缘电阻越大越好，根据欧姆律，其漏电流越小。

1.2.3　电感的主要性能参数

1. 标称电感量

标称电感量也称自感系数，是表示电感产生自感应能力的一个物理量，其主要取决于

线圈的匝数、绕制方式、有无磁芯及磁芯的材料等。通常，线圈匝数越多、绕制越密，电感量就越大。空心线圈插入磁芯后电感量会大很多；磁芯的磁导率越大，线圈的电感量也越大。调整磁芯的位置可以调节线圈的电感量从而得到可调电感。

2. 允许偏差

允许偏差是指电感上的标称电感量与实际电感量的允许误差值。一般用于振荡或滤波等电路中的电感要求精度较高，允许偏差为±（0.2～0.5）%；而用于耦合、高频阻流等电路中的电感要求精度较低，允许偏差为±（10～15）%。

3. 品质因数

品质因数也称 Q 值，是衡量电感质量的主要参数。它是指电感在某一指定频率的交流电压下工作时，所呈现的感抗与其等效直流电阻之比。电感的品质因数越高，其损耗越小，效率也越高。

品质因数的高低与电感线圈导线的种类和直径关系很大，同时与其线圈骨架的介质损耗及铁芯、屏蔽罩等导致的损耗等有关。

4. 额定电流

额定电流是指电感在长时间工作时允许通过的电流值。若工作电流超过额定电流，则电感就会因发热而使性能参数发生改变，甚至烧毁。

1.3 电阻、电容、电感的测试

扫一扫看使用数字万用表测量电阻微课视频

1.3.1 电阻的万用表测试

电阻值的变化很大，从几毫欧姆（mΩ）的接触电阻到几十亿欧姆的绝缘电阻。某些数字万用表能测量的电阻值可小至 0.1 Ω、高至 300 MΩ。

使用数字万用表测量离线电阻的步骤如下。

（1）将旋钮开关旋到电阻挡。

（2）将红、黑表笔分别插入有 Ω 字样的表笔插孔和 COM 插孔。

（3）将表笔线的测试端并联到被测电阻上，在显示屏读取电阻值。

（4）若显示屏的显示过量程或阻值不够精确时，需调节旋钮开关到合适的电阻挡量程后再读取精确的阻值。

使用数字万用表测量电阻的注意事项如下。

（1）测量在线电阻时，须将电路的电源关断，并将电路中的所有电容充分放电。

（2）如果被测电阻开路或阻值超过电阻挡的最大量程，则万用表将显示 OL 或 1 字样。

（3）在进行低电阻值的精确测量时，必须从测量值中减去测量导线的电阻。典型的测量导线的阻值为 0.2～0.5 Ω。如果测量导线的阻值大于 1 Ω，则测量导线就需要更换。

（4）直接按照量程选择的单位（Ω、kΩ、MΩ）读数。

图 1.11 所示为使用 VC9205 数字万用表测量 8.2 kΩ 电阻的示例。

1.3.2　电容的万用表测试

扫一扫看使用数字万用表测量电容微课视频

使用数字万用表测量电容的步骤如下。

（1）将电容两端短接，对电容进行放电，确保数字万用表的安全和测量准确度。

（2）把旋钮旋到电容测量挡，根据预测电容值的大致范围选择合适的量程。

（3）将电容插入数字万用表的电容测量插孔或连接表笔，读出显示屏显示的数据。

图 1.11　使用 VC9205 数字
万用表测量电阻

使用数字万用表测量电容的注意事项如下。

（1）测量前对电容要放电，否则会损坏万用表。测量后也要放电，避免安全隐患。有些高压电容如不进行预放电，还可能对人体造成伤害。

（2）测量电容时，将电容插入专用的电容测量插孔或连接表笔。

（3）由于电容充/放电需要一定的时间，测量大电容时稳定读数也需要时间。

（4）电容通常需要从电路板上拆下才能准确测量其电容值，至少需要拆下一个引脚。

（5）对于没有电容挡的万用表，比较难对电容进行定量的测量。

（6）如果电容上没有标称值，从最小量程开始测量，逐渐扩大量程，得到读数，直到超过量程后显示消失。对极小电容的测量应当使用特别短的表笔以避免杂散电容的影响。

（7）对于某些电容，尤其是电解电容，往往具有较宽范围的电容值，如果测量结果远大于标称值也是有可能的。

（8）测量大电容时一定要接触良好。

（9）直接按照量程选择的单位（pF、nF、μF）读数。

图 1.12 所示为使用 VC9205 数字万用表测量 0.1 μF 瓷片电容的示例。

1.3.3　电感的电感表测试

扫一扫看使用数字万用表测量电感微课视频

普通数字万用表大都没有电感挡，但可以用测量电感的直流电阻的方法来大致判断电感是否开路。测量电感值比较常用的是电感表，或者多功能万用表等。

使用电感表测量电感的步骤如下。

（1）选择合适的量程，如果电感没有标称值，可以先选择最大量程再逐渐减小，或者先选择最小量程再逐渐扩大量程，得到读数，直到超过量程后显示消失。

（2）将电感接入电感表的测量插孔或连接表笔，读出显示屏显示的数据。

使用电感表测量电感的注意事项如下。

（1）在使用 2 mH 量程时，应先将表笔短路，测出测量导线的电感，然后在实测值中减去该值。

（2）有些电感表有小测量孔，测量非常小的电感时应使用小测量孔。

（3）如果显示值前有零，应将量程调到较小量程以提高测量的分辨率。

（4）直接按照量程选择的单位（μH、mH、H）读数。

图1.13所示为使用DM6243L数字万用表测量1 mH电感的示例。

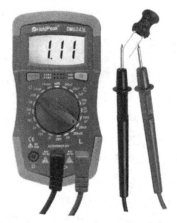

图1.12　使用VC9205数字万用表测量电容　　图1.13　使用DM6243L数字万用表测量电感

实训1　电阻、电容串联电路的仿真测试

扫一扫看电阻、电容串联电路仿真测试微课视频

1. 电阻、电容串联电路

电阻、电容串联的仿真电路如图1.14所示，通过该电路可进行充/放电特性测试。

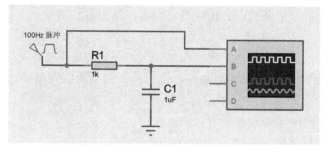

图1.14　电阻、电容串联的仿真电路

2. 电阻、电容串联的电路原理

根据电路的暂态分析，电容的电压与时间成指数关系，应该得到如图1.15所示的曲线。由于电容的电压不能突变，所以 U_C 的变化落后于 U_i，也就是不会随着 U_i 的突变而发生突变。这也是电容经常用于电源滤波的原因。

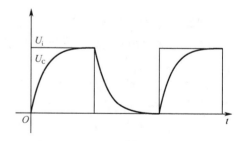

图1.15　电阻、电容充/放电测试曲线

3. 实训内容与步骤

（1）输入 100 Hz、50%占空比的脉冲电压信号，观察电容上的电压波形。

（2）测量脉冲周期，并与时间常数进行比较。

（3）观察并分析电容上的电压波形是直线还是指数规律的曲线。

（4）修改电阻 R_1 的阻值为 5 kΩ，观察 U_C 的曲线是否接近三角波。

实训 2　电阻、电感串联电路的仿真测试

1．电路图和原理分析

电阻、电感串联的仿真电路如图 1.16 所示，通过该电路可进行充/放电特性测试。

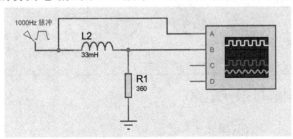

图 1.16　电阻、电感串联的仿真电路

根据电路的暂态分析，电感的电压（表征了电感中的电流）与时间成指数关系，应该得到类似图 1.15 所示的曲线。由于电感中的电流不能突变，所以 U_L 的变化落后于 U_i，也就是不会随着 U_i 的突变而发生突变。这也是电感经常用于电源滤波的原因。

2．实训内容与步骤

（1）输入 1 000 Hz、50%占空比的脉冲电压信号，观察电感上的电压波形。

（2）测量脉冲周期，并与时间常数进行比较。

（3）观察并分析电感上的电压波形是直线还是指数规律的曲线。

1.4　电阻、电容、电感的常用单元电路

1.4.1　电阻的功能及单元电路

电阻的功能及单元电路示例如表 1.3 所示。

表 1.3　电阻的功能及单元电路示例

序号	功能	单元电路示例	说　　明
1	降压、限流	R1 1k　6V　+2.01 Volts　VD1 LED-RED	左图是常见的 LED 限流电路。由于 LED 正常工作所需要的电流为 1～10 mA，而且正常工作时的电压为 2 V 左右。如果使用导线代替电阻 R1，6 V 的电源电压将很快使 LED 烧毁，电阻 R1 在这里分担了超过 3 V 的压降，其作用为降压和限流
2	串联分压	R5 15k　R6 30k　R7 150k　R8 800k　1V　2.5V　10V　50V	左图是 MF-47 型万用表中电压表的多量程电路，5 个电阻组成串联分压电阻可以扩大其量程，R_5、R_6、R_7、R_8 为 1 V、2.5 V、10 V、50 V 挡的分压电阻。串联分压的 4 个电阻中为同一个电流，所以分得的电压降和自身的电阻为正比关系，即电阻越大分得的电压降越大

序号	功能	单元电路示例	说 明
3	并联分流	R2 12 L1 12V 24Ω 24V R3 24 +12.0 Volts	左图中电阻 R_3 和灯泡 L_1 并联起到分流作用，将通过 R_2 的电流分成两部分。并联分流的两个元件上由于为同一个电压，所以分得的电流和自身的电阻为反比关系，即电阻越大分得的电流越小

1.4.2　电容的功能及单元电路

电容的功能及单元电路示例如表 1.4 所示。

表 1.4　电容的功能及单元电路示例

序号	功能	单元电路示例	说 明
1	滤波	+20V U1 7805 uo =5.00785V C1 10uF C2 10uF	左图是常见的集成电路 7805 稳压电路，C_1 和 C_2 分别为输入和输出电压滤波电容。通常在集成电路的电源端都设置一个滤波电容。滤波电容的作用是降低纹波，使电源的电压更加稳定
2	耦合和隔直	uo C3 1uF ui R2 10k	左图是常见的电容耦合和隔直流电路。前级电路的输出信号 u_o 往往可能是含有直流分量的交流信号，由于电容具有通交流和隔直流的作用，所以得到的 u_i 信号就是去掉了直流分量的交流信号
3	旁路和退耦	+5V C5 100u C1 104 ui C2 104 R1 10k LM386 C3 100u R2 4.7 8Ω C4 0.01u	左图中电容 C_2 的作用是将输入端的高频信号对地短路，以消除输入信号中的高频噪声，称为旁路电容。 电容 C_4 的作用则是将输出端的高频信号对地短路，以消除输出信号中的高频噪声，称为退耦电容
4	充/放电（振荡）	R1 10k U3:A 74HC14 C1 100uF	左图中电容 C_1 的作用是在 74HC14 的控制下反复通过电阻进行充电和放电以产生振荡信号，信号的周期和电阻电容的乘积（即时间常数）成比例。要改变输出信号的周期可以调整电阻值或电容值的大小

1.4.3　电感的功能及单元电路

电感的功能及单元电路示例如表 1.5 所示。

表 1.5　电感的功能及单元电路示例

序号	功能	单元电路示例	说　　明
1	π 型滤波		左图是常见的由两个滤波电容和一个滤波电感组成的 π 型滤波电路，它的输入和输出都呈低阻抗，滤波电容值取大一点效果更佳。对于滤波电感，可以根据输出电流大小和频率高低选择其电感量
2	振荡电路		左图是常见的电容三点式振荡电路，又称考毕兹电路，由两个电容和一个电感形成选频网络，根据振荡频率的计算公式 $f_0 = \dfrac{1}{2\pi\sqrt{LC}}$，得该电路的振荡频率： $$f_0 = \frac{1}{2\pi\sqrt{L_1\dfrac{C_1C_2}{C_1+C_2}}}$$
3	能量转换和传输		左上图为降压 DC-DC 开关电源的模型图，当驱动脉冲为 1 时，晶体管导通，二极管截止，电感电流逐渐增大进行储能；当驱动脉冲为 0 时，晶体管截止，二极管导通，电感电流逐渐减小，释放能量。左下图为升压 DC-DC 开关电源的模型图，当驱动脉冲为 1 时，晶体管导通，二极管截止，电感电流逐渐增大进行储能；当驱动脉冲为 0 时，晶体管截止，二极管导通接续电感电流。电感具备储能和放能作用，所以在开关电源中的电感起能量转换和传输的作用

实训3 简单元件的二分频电路特性测试

扫一扫看简单元件
的二分频电路特性
仿真测试微课视频

1. 实训目的

通过分频电路的功能理解电容和电感对音频信号的通过特性，即电容通高频、阻低频，电感则相反。

2. 分频电路基础

在音箱系统中广泛使用了电容和电感元件来进行高音和低音的分频，尽可能将高频信号只送给高音扬声器，低频信号只送给低音扬声器，以免互相干扰。

简单元件的二分频电路也就是高频信号和低频信号分别只使用一个元件的分频电路，也称一阶二分频电路。图 1.17（a）中所示的电容为高通滤波器，一阶衰减是 6 dB/oct，即每倍频程 6 dB，也就是频率每增加 1 倍、信号幅度增加 1 倍（6 dB），所以为高通滤波器，特性曲线如图 1.17（b）所示。其中的转折频率 f_c 为从滤波器的通带增益算起，下降 3 dB（即 0.707 倍）处的频率，此处的信号在负载上的功率会降低到一半。

图 1.17（a）中所示的电感为低通滤波器，一阶衰减是 -6 dB/oct，即每倍频程 -6 dB，也就是频率每降低 1 倍，信号幅度升高 1 倍（6 dB），所以为低通滤波器，特性曲线如图 1.17（c）所示。

在图 1.17（b）所示的高通特性曲线和图 1.17（c）所示的低通特性曲线的 f_c 频率处，两条曲线会有一个交叉点，所以称 f_c 为二分频电路的分频点。一阶二分频电路的分频点 f_c 通常选择在 3 dB 衰减处。

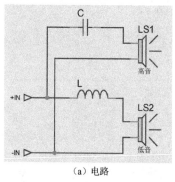
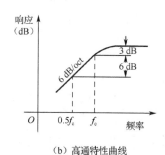
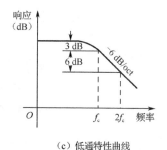

（a）电路　　　　　　　　（b）高通特性曲线　　　　　　　　（c）低通特性曲线

图 1.17　简单元件的二分频电路和特性曲线

简单元件的二分频电路的计算可以使用经验公式：

$$L = \frac{R_L}{2\pi f_c}$$

其中，R_L 为低音扬声器阻抗，f_c 为设计的分频点。

$$C = \frac{1}{2\pi f_c R_G}$$

其中，R_G 为高音扬声器阻抗。

实例 1.1　某组合音箱使用 8 Ω 阻抗低音扬声器的频率范围为 55～5 000 Hz，8 Ω 阻抗高音扬声器的频率范围为 2～16 kHz，则 f_c 应选择低音扬声器上限频率和高音扬声器的下限频率之间的部分，即 2～5 kHz 范围以内，如选 f_c=3.5 kHz，则对应的 L 和 C 分别如下：

$$L = \frac{8}{2\pi \times 3500} \approx 0.36 \text{ mH}$$

$$C = \frac{1}{2\pi \times 3500 \times 8} \approx 5.7 \text{ μF}$$

3. 分频电路的仿真验证

根据实例 1.1 计算的数据，输入信号的频率选为 3.5 kHz，观察输出的高低频信号应为输入信号幅值的 0.707 倍左右，如图 1.18 所示。

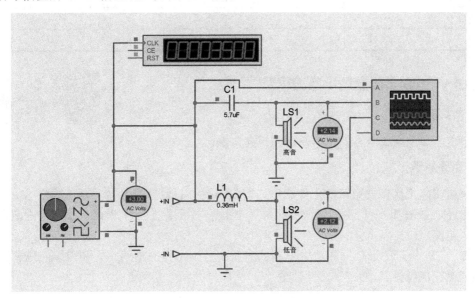

图 1.18 简单元件的二分频电路仿真验证

在上述电路中示波器显示输出信号（高音和低音）的幅度大致一样，而且约为输入信号的 0.707 倍。

若在 3.5 kHz 的基础上逐渐增大输入信号的频率，则高音通道的输出信号应该逐渐增强，最终接近输入信号的幅度；而低音通道的输出信号会逐渐减弱，最终接近于 0。

反之，若在 3.5 kHz 的基础上逐渐减小输入信号的频率，则高音通道的输出信号应该逐渐减弱，最终接近于 0；而低音通道的输出信号会逐渐增强，最终接近输入信号的幅度。

4. 实训器材

所用的实训器材有 8 Ω 阻抗高音扬声器、8 Ω 阻抗低音扬声器、示波器、信号发生器等。

5. 实训步骤

（1）按图 1.18 连接电路，用示波器监测输入电压和两个输出电压信号的大小。

（2）调节信号发生器使其输出有效值为 3 V、频率为 3.5 kHz 的正弦波，用示波器测量输入电压和两个输出电压信号的有效值。

（3）让信号发生器的输出有效值保持不变，以 3.5 kHz 为起点逐渐增大频率，用示波器观察三个信号的大小变化。

（4）让信号发生器的输出有效值保持不变，以 3.5 kHz 为起点逐渐减小频率，用示波器观察三个信号的大小变化。

6. 实训数据

将实训过程中前面得到的数据填入表 1.6 中。

表 1.6   实训数据

V_i	V_o（高音）	V_o（低音）	备注

实训 4   RC 文氏振荡电路的搭建

扫一扫看 RC 文氏振荡电路的搭建微课视频

1. 实训目的

了解 RC 文氏振荡电路的工作原理和搭建方法。

2. 电路原理

要了解 RC 文氏振荡电路的工作原理，首先需要了解运算放大器（以下简称运放）的同相放大电路，如图 1.19 所示的运放同相放大电路的电压增益约为 7 倍，是一个固定电压增益的放大电路。

如图 1.20 所示的运放同相放大电路的电压增益则不是固定的，它利用了二极管死区截止和反向截止的特性。

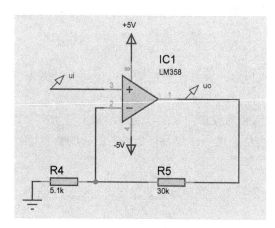

图 1.19   运放同相放大电路

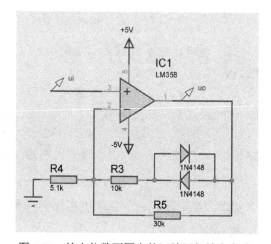

图 1.20   放大倍数不固定的运放同相放大电路

在图 1.20 中，当输入电压很低时，输出电压也很低，一个二极管反向截止，另外一个二极管的电压不超过其死区电压，也处于截止状态，所以，此时的电路功能与图 1.19 相同，放大倍数为 7 倍左右。这就满足了自由振荡电路的自启动需要。

但是当输入电压逐渐升高时，输出电压也被放大到足够高时，一个二极管反向截止，另

外一个二极管正向导通，运放的反馈电阻由原来的 30 kΩ 变成了不到 10 kΩ，电压放大倍数由 7 倍逐渐变化为 3 倍的标准倍率。这就满足了自由振荡电路的幅度平衡条件。

3. RC 选频网络的计算

图 1.21 所示为文氏振荡电路的关键部分——RC 选频网络，这里 $R_1=R_2=R$，$C_1=C_2=C$，它的作用就是保证只有 $f=\dfrac{1}{2\pi RC}$ 频率的信号才能维持振荡过程。具体的原因是，只有 $f=\dfrac{1}{2\pi RC}$ 时，图 1.21 电路形成的串联分压的分压比正好为 1/3（对于正弦波交流电，分压比为电压相量之比）。具体的计算过程如下：

$$f=\frac{1}{2\pi RC}，\quad 则\ \omega=\frac{1}{RC}，\quad 则有\ R=\frac{1}{\omega C}，\quad \frac{1}{j\omega C}=-jR，$$

$$R//\frac{1}{j\omega C}=\frac{R(-jR)}{R-jR}=0.5R-j0.5R。$$

$$\frac{\dot{u}_i}{\dot{u}_o}=\frac{R//\dfrac{1}{j\omega C}}{R//\dfrac{1}{j\omega C}+R+\dfrac{1}{j\omega C}}=\frac{0.5R-j0.5R}{0.5R-j0.5R+R-jR}=\frac{0.5R-j0.5R}{1.5R-j1.5R}=\frac{1}{3}。$$

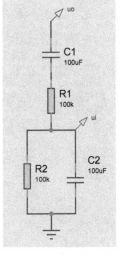

图 1.21   RC 选频网络

4. 完整电路

图 1.22 所示为完整的 RC 文氏振荡电路，根据上文的分析，在维持振荡的大部分时间里，RC 选频网络将输出信号衰减到 1/3，运放部分又将信号同相放大 3 倍，满足振荡电路的幅度平衡条件。由于 RC 选频网络的衰减系数为 1/3，而且没有相移，运放电路又将信号进行同相放大，所以也满足相位平衡条件。

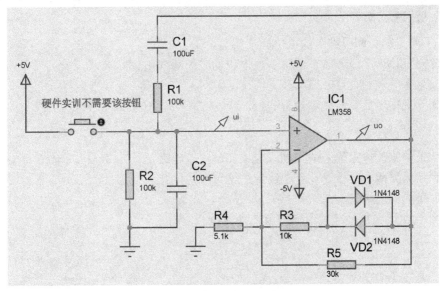

图 1.22   完整的 RC 文氏振荡电路

5. 实训器材

所用实训器材有直流稳压电源、万用表、秒表等，图 1.22 所示电路的元器件清单如表 1.7 所示。

表 1.7　元器件清单

序号	元器件编号	元器件型号或参数	备注
1	IC_1	LM358	DIP 封装
2	R_1、R_2	100 kΩ	1/4 W
3	R_3	10 kΩ	1/4 W
4	R_4	5.1 kΩ	1/4 W
5	R_5	30 kΩ	1/4 W
6	VD_1、VD_2	1N4148	
7	C_1、C_2	100 μF	

6. 实训步骤

（1）按图 1.22 连接电路。

（2）测量输出电压。

（3）观察输出电压的变化规律。

（4）使用秒表测量输出电压变化的周期 T。

7. 实训数据

理论值和实训测量值：

理论值 T=_____；

实训测量值 T=_____。

8. 调试注意事项

（1）IC_1 的引脚 2 和引脚 3 的电位应该相等。

（2）IC_1 的引脚 1、引脚 2、引脚 3 的电位均应循环变化。

（3）u_o 总是等于 u_i 的 3～7 倍。

（4）如无上述现象，应仔细检查连接。

9. 问题与思考

（1）如果要修改输出信号的周期，应该如何修改电路？

（2）为何需要两个二极管一正一反地连接？

（3）如果去掉二极管会怎么样？

（4）图 1.22 中的运放是单电源应用还是双电源应用？

第2章

二极管

扫一扫看第2章二极管教学课件

2.1 二极管基础

2.1.1 半导体的特性

半导体是指一种导电性能可受到控制的材料，电阻系数介于绝缘体与导体之间。现在大部分的电子产品，如计算机、移动电话或电视机当中的核心单元都和半导体有着极为密切的关系。常见的半导体材料有硅、锗、砷化镓等，而在各种半导体材料中，硅材料是在应用上最具有影响力的一种。

半导体具有三大主要特性：掺杂性、热敏性、光敏性。

1. 掺杂性

在纯净的半导体中，掺入特定的杂质元素，导电性能就具有可控性。二极管和晶体管就是用掺杂的半导体制作而成的，分别具有单向导电和放大电流的能力。

2. 热敏性

在热辐射条件下，通常半导体的导电能力会增加，利用这个特性，可以将半导体制成热敏器件。

3. 光敏性

在光辐射条件下，半导体的导电能力也会显著增加，利用这个特性，可以将半导体制成光敏器件。半导体的PN结在光照作用下还可以产生新的电子-空穴对，形成电势差，这就是光电池，也称为太阳能电池。

2.1.2 二极管的工作原理和分类

二极管的工作原理实质上就是 PN 结的单向导电性，由于交界面处存在载流子浓度的差异，进而会导致扩散，扩散的结果是形成了一个很薄的空间电荷区，这就是我们所说的 PN 结，并且形成自建电场。当无外加电压时，因为 PN 结两边载流子浓度差引起的扩散电流和自建电场引起的漂移电流相等，PN 结处于平衡状态，所以二极管无电流。当二极管外加正向电压时就可以抵消其内部自建电场，使载流子可以持续流动，从而形成稳定的正向电流。当外加反向电压时相当于使内建电场的阻力更大，二极管则不能导通，仅有极微弱的反向电流，这就是二极管的单向导通特性。

二极管根据用途可以分为普通二极管、稳压二极管、发光二极管、光电二极管、红外发射二极管、双向二极管、变容二极管等。

2.1.3 二极管的结构和图形符号

二极管实质上是由 P 型半导体（以空穴导电为主）和 N 型半导体（以电子导电为主）形成的 PN 结再加上外壳封装而成的，结构示意如图 2.1 所示。

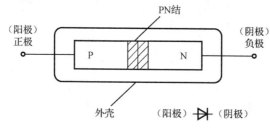

图 2.1　二极管的结构示意

几种常用的二极管图形符号如图 2.2 所示，一般来说图中示意的三角形箭头指向的是二极管的负极（即阴极）。

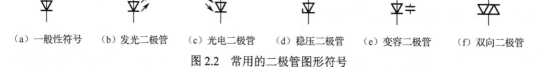

（a）一般性符号　　（b）发光二极管　　（c）光电二极管　　（d）稳压二极管　　（e）变容二极管　　（f）双向二极管

图 2.2　常用的二极管图形符号

几种常见二极管的实物图片如图 2.3 所示，一般来说二极管上如果有横道的标志表示为二极管的负极（即阴极），如图 2.3（a）、（c）、（e）所示。对于直插式发光二极管和光电二极管，通常引脚长的是正极，短的是负极，如图 2.3（b）、（d）所示。对于某些特殊的二极管，管身无区分标志的，则需要参考元件说明书，如图 2.3（f）所示的变容二极管。

2.1.4 二极管的特性

1. 正向性

当给二极管外加逐渐增大的正向电压时，刚开始正向电压很小，并不足以克服 PN 结内

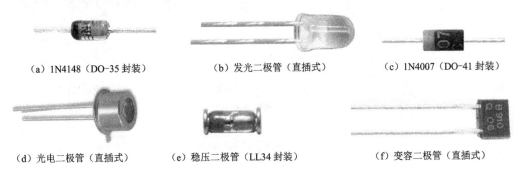

（a）1N4148（DO-35 封装）　　（b）发光二极管（直插式）　　（c）1N4007（DO-41 封装）

（d）光电二极管（直插式）　　（e）稳压二极管（LL34 封装）　　（f）变容二极管（直插式）

图 2.3　常见二极管

电场的阻挡作用，正向电流几乎为零，这一段被称为死区。当正向电压大到一定值（即死区电压）以后，PN 结内的电场被克服，二极管呈现正向导通，电流随电压增大而呈现指数上升趋势。在正常使用的电流范围内，导通时二极管的端电压变化不大，这个电压称为二极管的正向导通电压。通常硅二极管的死区电压约为 0.4 V，正向导通电压约为 0.7 V。正向导通的特性曲线可参考图 2.4 中 1N4370A 型二极管的伏安特性曲线的第一象限部分。

2. 反向性

当给二极管外加逐渐增大的反向电压时，只要外加反向电压不超过一定值，PN 结内的电场会增强，阻力更大。通过二极管的反向电流很小，二极管呈现反向截止。这个反向电流又称为反向饱和电流或漏电流。反向截止部分的特性曲线可参考图 2.4 中的第二三象限靠近坐标轴原点的部分。

3. 击穿特性

当二极管的外加反向电压超过某一数值时，反向电流会突然增大，这种现象称为击穿。我们把此时的电压称为二极管反向击穿电压，击穿时

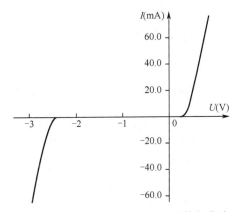

图 2.4　1N4370A 型二极管的伏安特性曲线

二极管也会失去单向导电性。由于反向电流急剧增大，可能导致二极管过热烧毁，因而普通二极管使用时应避免外加的反向电压超过反向击穿电压而烧毁。击穿特性曲线可参考图 2.4 中的第三象限的斜线部分。

由于 PN 结一旦击穿后，尽管反向电流可能急剧变化，但其端电压几乎不变，因此只要限制它的反向电流在一定的范围，也就限制了二极管的功率，二极管就不会被烧坏。利用这一特性可制成稳压二极管，所以稳压二极管通常是反向偏置的，而且使用时往往和一个合适的限流电阻串联。

2.1.5　二极管的主要参数

二极管的主要参数如表 2.1 所示。

表2.1　二极管的主要参数

名　　称	定　　义	说　　明
额定正向工作电流（A）	二极管长期连续工作时允许通过的最大正向电流值	因为电流通过二极管时会使管芯发热、温度上升，温度超过允许限度（硅管为140 ℃左右，锗管为90 ℃左右）时，就可能使管芯过热而损坏。二极管在使用时，电流一般不能超过二极管额定正向工作电流。例如，常用的1N4001和1N4007型硅二极管的额定正向工作电流均为1 A
最高反向工作电压（V）	二极管反向工作时的最高电压	加在二极管两端的反向电压超过一定值时，二极管将会被击穿，失去单向导电能力。为了保证使用安全，规定了最高反向工作电压，如1N4001和1N4007二极管的最高反向工作电压分别为50 V和1 000 V
最大反向电流（A）	指二极管在常温（25 ℃）和最高反向工作电压作用下，流过二极管的最大电流值	反向电流越小，说明二极管的单方向导电性能越好。反向电流与温度有着密切的关系，温度每升高10 ℃，反向电流大约增大1倍。例如，2AP1型锗二极管，在25 ℃时反向电流若为250 μA，温度升高到35 ℃时，反向电流将上升到500 μA；以此类推，在75 ℃时，它的反向电流可能已达8 mA，不仅失去了单向导电性，还可能会使管子因过热而损坏。又如，2CP10型硅二极管，25 ℃时其反向电流仅为5 μA，温度升高到75 ℃时，反向电流约为160 μA。在高温下硅二极管比锗二极管具有更好的稳定性
最高工作频率 f_m（Hz）	二极管工作的上限频率	因二极管 PN 结的结电容由势垒电容组成，所以二极管工作的上限频率主要取决于 PN 结的结电容大小。若工作频率超过此值，则单向导电性能将受到影响。此参数常与反向恢复时间（从导通状态向截止状态转变时，所需要的时间）息息相关

实训5　使用数字万用表检测二极管

扫一扫看使用数字万用表检测二极管微课视频

通常硅二极管的正向导通电压约为 0.7 V，通常在某正向电流下，二极管的正向导通电压是一个固定的值，而且在电流变化很大时这个电压值变化也很小。

（1）仿真测试的 1N4148 二极管的电路如图 2.5 所示。

（2）用数字万用表的二极管挡，可以直接测量 1N4148 二极管正向压降。测量原理通常是内部产生 1 mA 的电流，并通过表笔加到二极管上，显示出的就是电压值。如图 2.6 所示为使用数字万用表测量 1N4007 二极管正向压降的示例。可以通过这个方法判断二极管的正负极和好坏。

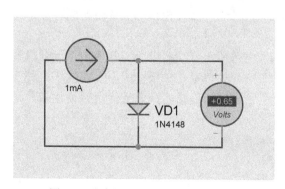

图 2.5　仿真测试 1N4148 二极管的电路

图 2.6　使用数字万用表测量 1N4007 二极管正向压降

2.2 常用二极管产品及基本应用

2.2.1 普通二极管及其应用电路

搭建普通二极管的电路通常是利用其基本的单向导电性，也就是正向导通、反向截止功能，如图 2.7 所示为二极管作为整流管时的半波整流电路，检波电路的结构和波形也是这样的，只是其二极管类型和输入波形不同。图 2.7 表明输入的标准正弦波在通过二极管后，由于二极管的单向导通作用，只允许信号正的部分通过，负的部分则因二极管为截止状态无法通过。

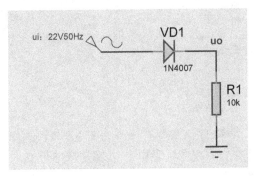
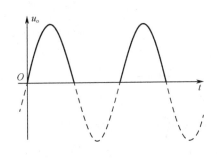

图 2.7　半波整流电路和输出波形

如图 2.8 所示为二极管组成的双向限幅（钳位）电路，由于硅二极管导通时压降为 0.7 V 左右，所以就将输入的信号钳位到了-4.7～+4.7 V 之间，输入的正弦波超过该范围的部分就被削波。调整限幅范围只需要调节相应二极管下端的电位即可，如果二极管下端直接接地，可以起到钳位到-0.7～+0.7 V 之间的作用。

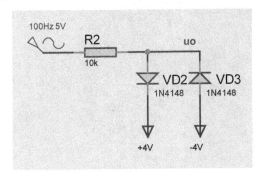
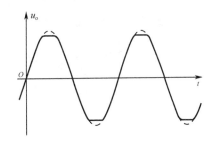

图 2.8　双向限幅电路和输出波形

如图 2.9 所示为二极管作为隔离和保护电路的例子。

如图 2.9（a）所示，在不需要考虑效率时，对任何一个直流供电的电路，都可以在电源和电路之间增加一个二极管来对电路进行保护，一旦电源接反时可起到对电路的保护作用。

图 2.9（b）为电源断电保护电路，当+5 V 电源瞬间断电时，由电容 C_1 放电代替电源为负载 R_{L2} 供电。其中，VD_1、VD_2、VD_3 均左正右负放置，都是利用二极管的单向导电特性对反向电压进行阻断来实现电路的隔离功能。

图 2.9（c）为利用二极管来保护稳压集成电路 U_1 的例子，当某种原因导致输出端接高压时，集成电路 U_1 的输出端反而比输入端电位高出很多，会导致其烧毁，连接二极管 VD_5 后，在这种极端情况下 VD_5 会导通，导通后 U_1 的输出端就只能比输入端高 $0.7\,V$，从而保护了集成电路 U_1。

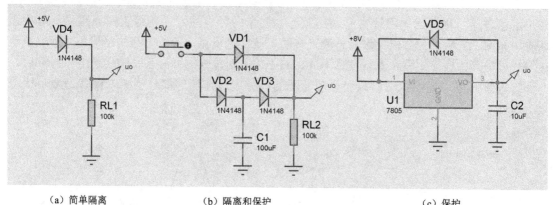

（a）简单隔离　　　　　　（b）隔离和保护　　　　　　（c）保护

图 2.9　隔离和保护电路

图 2.10（a）为二极管或门电路，电路中 A 端和 B 端只要有一个为高电平 1，则相应的二极管就导通，就将输入的高电平信号传递到输出。只有 A 端和 B 端都是低电平 0 时，两个二极管才同时都截止，就形成了有 1 出 1、全 0 出 0 的或门结果。

图 2.10（b）为二极管与门电路，电路中 A 端和 B 端只要有一个为低电平 0，则相应的二极管就导通，就可以将输出钳位到低电平 0 上。只有 A 端和 B 端都是高电平 1 时，两个二极管才同时都截止，就形成了有 0 出 0、全 1 出 1 的与门结果。

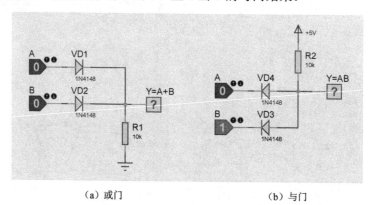

（a）或门　　　　　　　　　　　　（b）与门

图 2.10　二极管或门、与门电路

图 2.11（a）为降压开关电源中的二极管续流电路。当 PWM（Pulse Width Modulation，脉宽调制）脉冲为高电平时，晶体管导通，二极管截止；当 PWM 脉冲为低电平时，晶体管截止，由于电感电流不能突变，二极管导通续流。

图 2.11（b）为升压开关电源中的二极管续流电路。当 PWM 脉冲为高电平时，晶体管导通，二极管因为左端电位被连接到 GND 而截止；当 PWM 脉冲为低电平时，晶体管截止，由于电感电流不能突变，二极管导通续流。

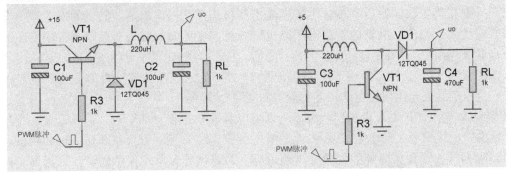

| (a) 降压开关电源模型 | (b) 升压开关电源模型 |

图 2.11 开关电源中的二极管续流电路

由于开关电源的工作频率通常从几十 kHz 到几 MHz，二极管的截止频率远高于工作频率，所以图 2.11 中的二极管通常会选择可在大电流下工作的肖特基二极管。肖特基二极管的正向导通电压比较低，可以降低二极管上的损耗，提高开关电源的工作效率。

2.2.2 稳压二极管及其应用电路

稳压二极管反映其稳压作用的几个常用参数分别如下。

（1）稳定电压 U_Z：为稳压二极管反向击穿后稳定工作时的电压值，通常为一个小的电压范围，如 2CW13 型稳压二极管通常为 5～6.5 V。例如，对于标称为 5.1 V 的稳压二极管 1N4733A，通常规定为在 20 mA 电流下的稳定电压值。

（2）稳定电流 I_Z：为稳压二极管反向击穿后稳定工作时的反向电流。稳压二极管允许通过的最大反向电流称为最大稳定电流 I_{ZM}。使用稳压二极管时，工作电流不能超过 I_{ZM}，否则稳压二极管可能过热损坏。

（3）动态电阻 R_Z：稳压二极管在反向击穿区的特性曲线近似为一条直线，其电压变化量 ΔU_Z 与电流变化量 ΔI_Z 之比称为动态电阻，即 $R_Z = \Delta U_Z / \Delta I_Z$。由上式可知，若 R_Z 越小，则由 ΔI_Z 引起的 U_Z 的变化量 ΔU_Z 越小，反向特性曲线就越陡，稳压二极管的稳压特性也就越好。详见图 2.4 的第三象限部分。

另外，常用稳压二极管的功耗通常为 0.5 W、1 W 两种。在稳定电压 U_Z 一定的前提下，功耗决定了它的最大稳定电流 I_{ZM}。

如图 2.12 所示为 1N4370A（0.5 W）型稳压二极管，在温度 25 ℃ 以下的相关参数。

器件	稳定电压U_Z/V （在电流I_Z=20 mA时测试）			动态电阻R_Z/Ω （在电流I_Z=20 mA时测试）	最大稳定电流 I_{ZM}/mA
1N4370A	最小值2.28	典型值2.4	最大值2.52	30	150

图 2.12 1N4370A 的相关参数

根据图 2.12 可以大致知道 1N4370A 的性能，如当电流为 20 mA 时，其上的电压为 2.4 V，动态电阻为 30 Ω，最大稳定电流为 150 mA。

如图 2.13 所示为稳压二极管的基准电压源电路，它通过电阻 R_1 和稳压二极管 VD_1 组成稳压电路，向负载 R_L 提供一个比较平稳的直流电压。它的工作原理是，稳压二极管工作在反向击穿状态时，其两端的电压是基本不变的。所以不管是电池电压变化，还是负载电阻变化，只要变化导致的稳压二极管上的电流仍然在其正常工作范围，其上的电压就不会发生明显的变化。稳压二极管的基准电压源电路的稳定度不如集成稳压电路高，输出电流比较小，串联电阻的值需要合理计算，但具有简单、经济实用的优点，因而得到广泛的应用。

如图 2.14 所示为稳压二极管的欠电压保护电路，它通过晶体管 VT_1 和稳压二极管 VD_2 组成一定精确的欠电压保护电路。晶体管 VT_1 的 U_{BE} 需要 0.7 V 开启电压，稳压二极管 VD_2 也需要 18 V 电压才进入反向击穿状态，所以当电池电压不足 18.7 V 时，晶体管 VT_1 会进入截止状态，而保护了负载电阻 R_L。当电池电压高于 18.7 V 后，VT_1 基本进入饱和状态，R_L 将得到除晶体管饱和压降外的大部分电源电压。若要调整欠电压保护阈值，只需要更换相应稳定电压的稳压二极管即可。

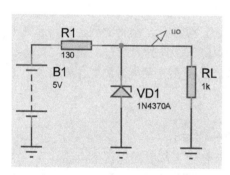

图 2.13　稳压二极管的基准稳压源电路

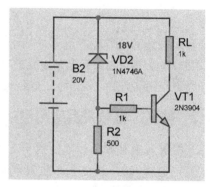

图 2.14　稳压二极管的欠电压保护电路

如图 2.15 所示为稳压二极管限幅电路及其输入输出波形，其输出的电压峰值被限制在约等于稳压二极管的稳定电压值和正向导通电压值之和上（3.6 V+0.7 V=4.3 V），所以该电路为运放限幅电路。由于 VD_3 和 VD_4 对接在反馈电路中，当正常工作时输出电压绝对值小于 4.3 V，二极管截止，这条反馈支路不起作用。当输入电压绝对值大于 4.3 V 时，二极管有一个正向导通、一个反向击穿，使输出电压限制在绝对值 4.3 V 上。该电路可用来抑制干扰脉冲，以提高电路的抗干扰能力。

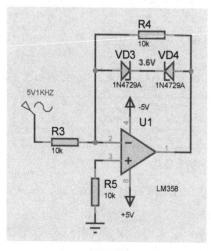

（a）电路

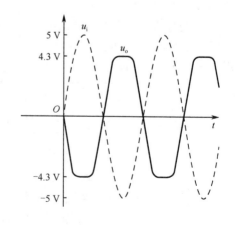

（b）输入输出波形

图 2.15　稳压二极管限幅电路及其输入输出波形

2.2.3　整流桥堆及其应用电路

整流桥堆是由四个整流二极管内部作桥式连接后封装而成的，实现把输入的交流电压转化为输出的直流脉动电压。桥堆内部的四个二极管一般是挑选配对使用的，所以其性能比较接近。在进行大功率整流时，桥堆都可以加装散热片，使工作更稳定。在不同场合使用时也要选择不同的桥堆，这主要看整流电流、耐压和频率特性是否满足使用需求。整流桥堆的外形通常有扁形、圆形、方形、板凳形（分直插式与贴片式）等。最大整流电流为 0.5～100 A，最高反向峰值电压为 50～1 600 V。

整流桥堆的图形符号如图 2.16（a）所示，图 2.16（b）是简略表示的图形符号。

几种常见的整流桥堆如图 2.17 所示，通常全桥的整流桥堆有四个引脚，两个接交流电输入（用 AC 或～表示），不分极性，另外两个分别输出直流电，分正极和负极。

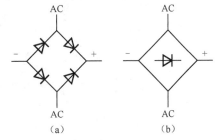

图 2.16　整流桥堆的图形符号

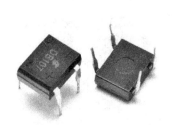

(a) DIP4 封装桥堆（DB107 型，1 A，1 000 V）　(b) 扁形桥堆（GBU810 型，8 A，1 000 V）　(c) 方形桥堆（KBPC5010 型，50 A，1 000 V）

图 2.17　几种常见的整流桥堆

整流桥堆的应用电路如图 2.18 所示。

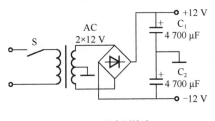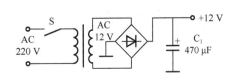

（a）双电源接法　　　　　　　　　　　　　　　　（b）单电源接法

图 2.18　整流桥堆的应用电路

2.2.4　发光二极管及其应用电路

发光二极管（Light Emitting Diode）简称为 LED，当 LED 中的电子与空穴复合时能辐射出可见光。LED 通常是由镓（Ga）与砷（AS）、磷（P）的化合物制成的。LED 在电路及仪器中常作为指示灯使用，或者由很多 LED 组合可形成文字、数字甚至图形视频显示。常见的指示用 LED 有红光、绿光、黄光、蓝光等。如图 2.19 所示为几种常见的 LED。

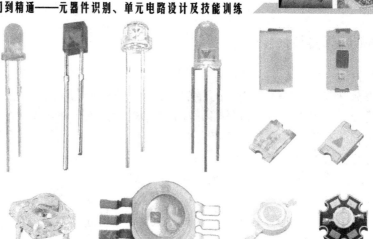

图 2.19　几种常见的 LED

白光 LED 广泛被用于日常照明，正在逐步代替传统照明方式。将黄色荧光粉敷涂在蓝色 LED 表面，可以用蓝色 LED 激励黄色荧光粉，在激励黄色荧光粉后产生的白光光通量相比原蓝光光通量大幅增大，目前这种工艺是制造白光 LED 的主要方法。

如图 2.20 所示为 LED 的基本电路，很显然需要串联限流电阻。LED 是半导体二极管的一种，可以把电能转化成光能。LED 与普通二极管一样也具有单向导电性。当给 LED 加上合适的正向电压后，能产生自发辐射的荧光。普通 LED 的正向导通电压为 2 V 左右，反向击穿电压大于 5 V。它的正向伏安特性曲线很陡峭，使用时必须串联限流电阻以控制通过 LED 的电流或使用恒定电流驱动 LED，一般不能将 LED 直接接到电源上。如图 2.20 所示，使用限流电阻 R$_1$ 以保证 LED 的电流为 1～10 mA，LED 的电流大致为：

$$I = \frac{5-2}{330} \approx 9.1\,(\text{mA})$$

白光 LED 的应用以照明和背光为主，所以发光效率比较高，电流和功率往往比较大。在实际应用中，白光 LED 的驱动电流绝对不允许超过其最大驱动电流，否则可能损坏白光 LED 或导致发光效率快速衰减，所以控制好其工作电流是关键。通常白光 LED 以恒流驱动为主。如图 2.21 所示为使用 LM317T 驱动一个 3 W 左右的白光 LED 的基本电路，由于 LM317T 的固定输出为 1.25 V，所以在 2.5 Ω 电阻上会形成 0.5 A 的恒定电流。由于 LM317T 引脚 1 上的电流可以忽略不计，所以白光 LED 就得到了 0.5 A 的恒定驱动电流。

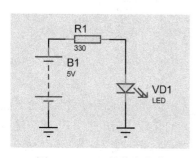

图 2.20　LED 的基本电路

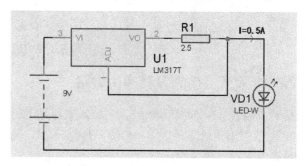

图 2.21　LM317T 驱动白光二极管

随着白光 LED 的应用逐渐广泛，出现了一大批专用白光 LED 的恒流驱动集成电路。例如，MAX1573 电荷泵电路能够以恒定电流驱动多达 4 只白色 LED，并获得均匀的亮度。在锂电池供电的电压范围内可以保持最高达 92%的效率，工作在 1 MHz 固定频率，允许选用小巧的外部元件。利用一个外部电阻 R_{SET} 可以设置满量程 LED 电流，以适应更多型号的白光 LED，两个数字的输入控制引脚 EN1 和 EN2，可以设置为 LED 的开/关或选择 3 级中的某 1 级亮度。PWM 信号也可以用来调节 LED 的亮度。MAX1573 常用于带有彩色显示屏的手持产品中，如手机、数码相机等的背光驱动，其驱动电路如图 2.22 所示。

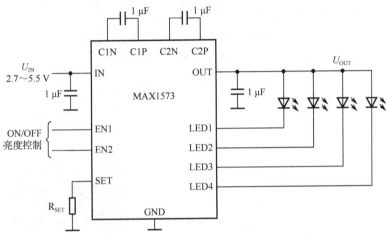

图 2.22　MAX1573 电荷泵电路驱动白光 LED

2.3　数码管基础

LED 数码管是由若干个 LED 封装而成的发光器件，单个的数码管一般可分为七段数码管和八段数码管。八段数码管比七段数码管多一个用于显示小数点的 LED 单元 DP。如图 2.23 所示为常见的数码管及电路原理。LED 数码管分为共阳极和共阴极两种，两种数码管的外观和图形符号一样，但内部 LED 的连接方式不同。共阳极表示其内部的 LED 的阳极全部连在一起（引出为 COM 端），如图 2.23（b）所示。

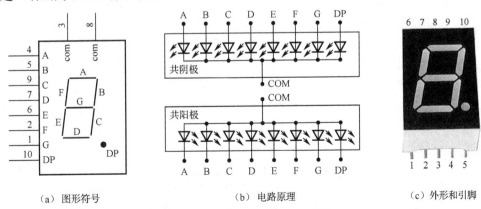

（a）图形符号　　　　　　　　　　（b）电路原理　　　　　　　　（c）外形和引脚

图 2.23　常见的数码管及电路原理

通常我们需要显示的数字不止一位，这样就需要使用多位一体的 LED 数码管，两位一体的数码管相比单个的数码管多显示一位数字。为了节约管子引脚，通常多位数码管的笔段复联，共阴极数码管的内部电路如图 2.24 所示。如图 2.25 所示为某种此类数码管的符号和实物图片。

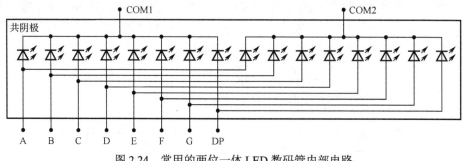

图 2.24　常用的两位一体 LED 数码管内部电路

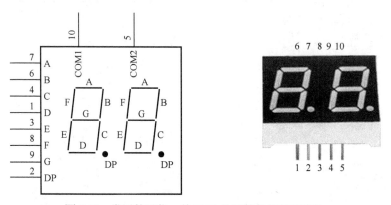

图 2.25　常用的两位一体 LED 数码管的符号和实物

数码管要实现正常显示，就要用驱动电路来驱动数码管的各个笔段，从而显示出我们需要的数字。根据数码管的驱动方式的不同，可以将其分为静态驱动和动态驱动两类。

（1）静态驱动是指每个数码管的每个笔段都由器件（如一个单片机的 I/O 端口）进行驱动，每个笔段都是同时被驱动的。静态驱动的优点是编程简单，显示亮度高；缺点是占用过多的驱动端口，如驱动 4 个数码管，静态显示则需要 4×8=32 个驱动端口来驱动。如果是单片机驱动，通常实际应用时必须增加译码驱动器进行驱动，增加了电路的复杂性。

（2）动态驱动是指所有的笔段并不是同时被驱动的，而是分时被驱动的，是单片机应用较为广泛的一种显示方式。例如，驱动 4 个数码管动态显示，由于数码管内部是将所有各位数码管的 8 个显示笔段"ABCDEFGDP"的公共端连在一起的，所以笔段上只需要占用 8 个 I/O 口。另外，对于四位数码管而言，数码管的 4 个公共端需要增加 4 个位选通控制 I/O 口，一共只占用 12 个 I/O 端口即可。当单片机输出字形码时，所有数码管都接收到相同的字形码（即 I/O 口发送过来的"ABCDEFGDP"信号），只有被选通有效的数码管才会被点亮（同一时刻 4 个数码管中只有一个会被点亮），没有选通的数码管不会亮。通过分时轮流控制各位数码管的 COM 端，可使各位数码管轮流显示数字，这就是其动态驱动原理。在动态轮流显示过程中，每位数码管的点亮时间只有几毫秒，由于人的视觉暂留特性，尽管实际上各位数码管并非同时点亮，但只要扫描显示一次（4 个数码管分别点亮一次）的时间足够短，给人的印象就是一组稳定的显示数据，不会有闪烁感。

如图 2.25 所示的共阴极数码管，在 2 ms 内给信号 ABCDEFG=1111001，COM1=0，COM2=1；在 2 ms 内给信号 ABCDEFG=1111110，COM1=1，COM2=0，如此反复。结果是十位数码管显示 3，持续 2 ms，个位数码管显示 0，持续 2 ms，如此快速反复，我们看到的就是数字 30。

动态显示的优点是占用驱动端口少，电路简单，还可以通过编程控制数码管的亮度。

实训6 使用数码管搭建数码显示器

扫一扫看使用数码管搭建数码显示器微课视频

1. 实训电路

使用一位数码管和集成电路搭建一个 0～9 的数码显示器电路，如图 2.26 所示。

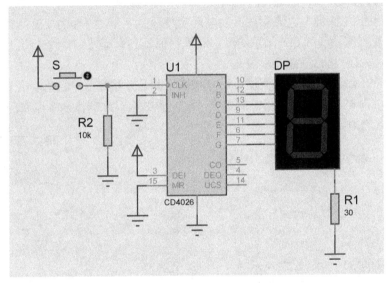

图 2.26 数码显示器电路

2. 电路原理

本电路主要由 CD4026 十进制计数显示器和共阴极数码管等组成，通过按键 S 输入时钟脉冲，在数码管的公共端（内部所有 LED 的阴极）连接一个 30 Ω 的电阻进行电流限制。上电时数码管显示 0，按一下按键输入一个脉冲，数码管变成显示 1。通过按键动作可以循环从 0 到 9 显示数字。

数码管和 LED 一样通常需要控制电流，一般需要加限流电阻，本电路中七个笔段均使用公共电阻 R_1 来限流，所以连接在数码管的公共端。如果七个笔段都需要点亮，则限流电阻的阻值就不能太大，所以 R_1 选用 30 Ω 电阻。

3. 选择电路元器件

除集成电路 U1 和数码管外，电路的外围元件只有两个电阻和一个开关，开关也可以不用，直接使用导线触碰代替开关。本电路的元器件清单如表 2.2 所示。

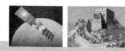

表2.2　元器件清单

序号	元器件编号	元器件型号或参数	备　注
1	U_1	CD4026	DIP 封装
2	R_1	30 Ω	1/4 W
3	R_2	10 kΩ	1/4 W
4	S		按钮开关，可选
5	DP	0.5 寸	共阴极数码管

4．实训步骤

（1）LED 数码管笔段点亮测试：先去掉 CD4026，把数码管的 ABCDEFG 和 DP 端分别接+5 V，分别点亮各笔段。

（2）数码管的 LED 最高电流测试：加电后应显示数字 0，按一次按键得到 1，测量电阻 R_1 的电压，计算点亮两个 LED 的总电流，取平均值得到每个 LED 的电流。此电流为本电路的最大 LED 电流，此时每个笔段最亮。

（3）数码管的 LED 最低电流测试：反复按键直到显示数字 8，测量电阻 R1 的电压，计算 7 个 LED 的总电流，取平均值得到每个 LED 的电流。此电流为本电路的最小 LED 电流，此时每个笔段最暗。

实训7　二极管检测及应用电路

扫一扫看二极管检测及应用电路微课视频

1．实训目的

掌握二极管主要参数的测试方法。

2．实训电路

本实训项目的电路如图 2.27 所示。

根据前面的分析，此电路可以用来检测二极管 VD_1 的几个基本参数，如死区电压、正向导通电压、稳压二极管 VD_2 的稳定电压、稳压二极管的动态电阻等。

3．实训器材

所用实训器材有直流电源、万用表等。本电路的元器件清单如表 2.3 所示。

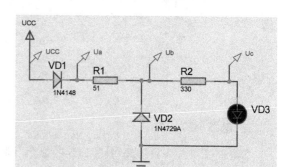

图 2.27　二极管检测电路

表2.3　元器件清单

序号	元器件编号	元器件型号或参数	备　注
1	R_1	51 Ω	
2	R_2	330 Ω	
3	VD_1	1N4148	

续表

序号	元器件编号	元器件型号或参数	备 注
4	VD$_2$	1N4729A	
5	VD$_3$	ϕ3 mm	LED

4. 常见参数的仿真测试

通过 Proteus 软件仿真测试时，可以按表 2.4 对不同电源电压时的各点电压进行测试。

表 2.4 仿真测试记录

序号	U_{CC}（预备）	U_{CC}	U_b	U_a	U_c	备 注
1	0.3 V					
2	5.0 V					
3	6.0 V					

根据测试清单的实测数据，可以计算电源电压为死区电压时的二极管 VD$_1$ 的电流、稳压二极管 VD$_2$ 的动态电阻、LED 的工作电流。

5. 伏安特性的仿真测试

（1）在电路中，添加 1N4370A 二极管，负极接 GND。

（2）正极增加 DC 信号，修改名称为 V，手动编辑其属性为{VALUE=V}。

（3）添加电流探针，修改名称为 I。

（4）添加 DC SWEEP 图形分析工具，编辑图表特性（扫描变量为 V，开始值为-3，停止值为 1，标称值为 0，步数为 100）。

（5）将 I 拖入 DC SWEEP。

（6）添加仿真图显示曲线：仿真的曲线请参考图 2.4。

6. 实训步骤

（1）按图 2.27 连接电路。

（2）调节电源电压为 0.3 V，加电后使用万用表测量各输出电压。

（3）加大电源电压到 5 V 左右，使用万用表测量各输出电压。

（4）继续加大电源电压为 6 V 左右，使用万用表测量各输出电压。

（5）观察电压的变化规律，理解二极管的死区特性及稳压二极管的稳压特性。

（6）计算电源电压为 0.3 V（死区电压）时的二极管电流。

（7）计算稳压二极管的动态电阻（根据电源电压为 5 V 和 6 V 时的输出电压进行计算）。

（8）计算电源电压为 5 V 和 6 V 时 LED 的工作电流。

7. 测试结果记录

将测试结果写入表 2.4 中。

8. 计算结果记录

将计算结果写入表 2.5 中。

表2.5　计算结果记录

序号	参数名称	计算结果	备　注
1	电源电压为死区电压时二极管的电流		电源电压为 0.3 V（死区电压）
2	稳压二极管的动态电阻		根据电源电压为 5 V 和 6 V 时的输出电压进行计算
3	电源电压为 5 V 时 LED 的工作电流		—
4	电源电压为 6 V 时 LED 的工作电流		—

9. 问题与思考

（1）普通二极管的正向导通电压约为多少？

（2）普通 LED 的正向导通电压约为多少？

（3）稳压二极管正常工作在什么状态？

（4）在图 2.27 中稳压二极管如果接反会怎样？

（5）在图 2.27 中 LED 如果接反会怎样？

第**3**章

晶体管

3.1 晶体管基础

3.1.1 晶体管的结构和图形符号

晶体管也称为三极管，实质上是由 P 型半导体（以空穴导电为主）和 N 型半导体（以电子导电为主）形成的 PN 结再加上外壳封装而成的。

晶体管根据极性不同分为 NPN 型和 PNP 型两种，以 NPN 型最为常见，NPN 型晶体管的结构如图 3.1 所示。常用的晶体管图形符号如图 3.2 所示。

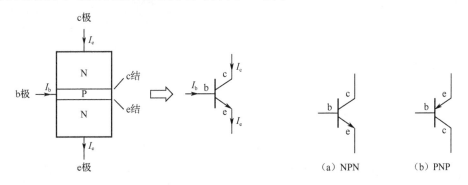

图 3.1 NPN 型晶体管的结构   图 3.2 常用的晶体管图形符号

晶体管有直插式和贴片式两种封装方式，根据晶体管的功率不同，可采用体积大小不同的封装。金属封装的晶体管有着更高的功耗和更好的工作频率。如图 3.3 和图 3.4 所示是目前市面上较为常见的直插式和贴片式晶体管。

图 3.3　常见的直插式晶体管

图 3.4　常见的贴片式晶体管

3.1.2　晶体管的工作原理

晶体管是由两个 PN 结组成的，两个 PN 结共用一个基区，基区通常只有几微米到几十微米，但正是靠着它把两个 PN 结有机地结合成一个整体，在外加电压的作用下电路中晶体管的三个极形成三个电流，即基极电流、集电极电流和发射极电流。由于两个 PN 结在制造时掺杂浓度不同，所以晶体管完全不同于两个单独的 PN 结的特性，而是具备电流放大作用的，即在正常放大状态下集电极电流是基极电流的 β 倍，β 值在一定范围会保持稳定。

从应用的角度来讲，可以把晶体管看作是一个电流分配器，β 称为晶体管的电流放大系数。在图 3.1 中，当晶体管处于放大状态且电流 I_b 发生变化时，另外两个电流 I_e 和 I_c 也会随着按比例进行变化。晶体管自身并不能把小电流变成大电流，而是起电流控制作用，可以通过控制一个小的 I_b，间接控制 I_c 和 I_e 这两个大电流，I_e 和 I_c 几乎相等，但远远地大于 I_b。

根据基尔霍夫电流定律，有：

$$I_e = I_b + I_c$$

根据晶体管的放大性能，有：

$$I_c = \beta I_b$$
$$I_e = (1 + \beta)I_b$$

上述两个公式仅用于晶体管的放大状态（I_b 在一定的范围内）。通常晶体管用于对模拟信号进行控制。

晶体管还有截止和饱和两个常见状态。

当 I_b 太小时，晶体管会进入截止状态，这时的晶体管相当于不存在，三个电流基本都为零。

当 I_b 太大时，晶体管会进入饱和状态，这时晶体管的 I_c 无法再被 I_b 控制，而是保持比较大的值不变，c 极和 e 极之间的电压基本为零。

以上两个状态，也就是晶体管的开关状态，截止时表示晶体管像一个关断的开关，饱和时表示晶体管像一个闭合的开关。晶体管的开关状态通常用于数字电路或电源电路。

图 3.5 表示了晶体管三种工作状态的仿真实例，其中：

图 3.5（a）中 c 极电位 V_c 为 4.99 V，表明晶体管为截止状态，原因是 R_b 的上端电位不到 0.4 V，由于发射极导通需要 0.7 V 左右的电压，所以导致基极电流基本为 0，晶体管截止。

图 3.5（b）中 c 极电位 V_c 为 4.335 V，表明晶体管为放大状态，通过计算可以得出放大倍数为：

$$\beta = \frac{I_c}{I_b} = \frac{(5-V_c)/R_c}{(5-V_b)/R_b} = \frac{(5-4.335)/300}{(5-0.69)/500\times10^3} \approx 257$$

图 3.5（c）中 c 极电位 V_c 为 3.46 V，表明晶体管为放大状态，通过计算可以得出放大倍数为：

$$\beta = \frac{I_c}{I_b} = \frac{(5-V_c)/R_c}{(5-V_b)/R_b} = \frac{(5-3.46)/300}{(5-0.718128)/200\times10^3} \approx 239$$

图 3.5（b）和（c）表明，晶体管在放大状态时，发射结正偏，集电结反偏。

图 3.5（d）中 c 极电位 V_c 为 0.526 V，比 b 极电位 V_b 的 0.786 06 V 还小，表明晶体管为饱和状态。此时，发射结正偏，集电结也正偏。

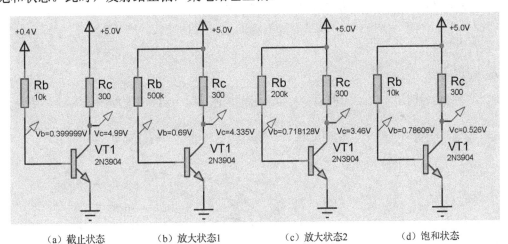

（a）截止状态　　　（b）放大状态1　　　（c）放大状态2　　　（d）饱和状态

图 3.5　NPN 型晶体管三种工作状态的仿真

3.1.3　晶体管的输入和输出特性

晶体管的性能可以用三个电极之间的电压和电流关系来表达，通常称为伏安特性。晶体管有三个电极，在使用时总是有一个电极作为输入和输出回路的公共端，有多种曲线表示电压和电流之间的关系，常用两组输入和输出曲线族来表示晶体管的特性。共射极电路是晶体管最常用的电路，所以共射极伏安特性也是最常用的特性，下面就讨论这种特性的输入和输出特性曲线。

1. 输入特性

实际测绘是得到特性曲线的方法之一。输入特性曲线的测量电路如图 3.6（a）所示。测试出的曲线反映了晶体管的输入回路 b 极-e 极间的电压 U_{be} 与基极电流 I_b 之间的对应关系，称为共射极输入特性。由于这一关系也受输出回路电压 U_{ce} 的影响，在不同的 U_{ce} 下可得到不同的特性曲线，称为共射极输入特性曲线，如图 3.6（b）所示。

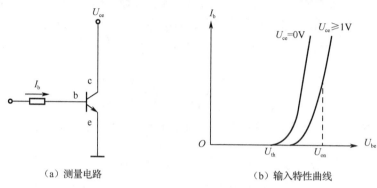

（a）测量电路　　　　　　　　　　（b）输入特性曲线

图 3.6　NPN 型晶体管共射极输入特性曲线

由图 3.6（b）曲线可知：

（1）晶体管的输入特性曲线，也有死区。在死区电压 U_{th} 以内 I_b 几乎为 0。

（2）在相同的 U_{ce} 下，U_{be} 从 0 增大时，I_b 将增大。

如图 3.6（b）所示的曲线类似二极管的正向伏安特性曲线，在曲线上能看到死区电压 U_{th} 和导通电压 U_{on}。

2. 输出特性

以 I_b 为参变量时 I_c 与 U_{ce} 的关系称为共射极输出特性，特性曲线如图 3.7（b）所示。

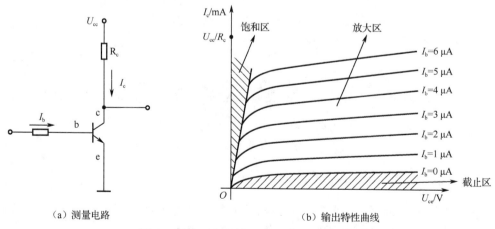

（a）测量电路　　　　　　　　　　（b）输出特性曲线

图 3.7　NPN 型晶体管共射极输出特性曲线

由图 3.7（b）可知，晶体管的输出特性曲线将晶体管分隔为三个工作区，即饱和区、截止区、放大区。

（1）在饱和区内，U_{ce} 几乎为零，不同 I_b 值的输出特性曲线几乎重合，I_c 不受 I_b 的控制，晶体管没有放大能力。

（2）在截止区内，I_b 和 I_c 几乎都为零，晶体管没有放大能力。

（3）放大区，指饱和区和截止区之间的区域。在此区域内晶体管工作在正常放大状态。当 I_b 一定以后，I_c 基本不变，但是还会随着 U_{ce} 的增大，略有增大。

在图 3.7（b）中，I_c 电流的最大值不可能超过 U_{cc}/R_c，所以所有的曲线都应该在这个值以下。

3.1.4　晶体管的主要参数

晶体管的主要参数如表 3.1 所示。

表 3.1　晶体管的主要参数

名　称	定　义	说　明
额定正向工作电流（A）	晶体管长期连续工作时允许通过的最大正向电流	因为电流通过晶体管时会使管芯发热、温度上升，温度超过允许限度（硅管为 140 ℃左右，锗管为 90 ℃左右）时，就可能使管芯过热而损坏。使用晶体管时，电流一般不要超过晶体管的额定正向工作电流。例如，常用的 1N4001 和 1N4007 型硅三极管的额定正向工作电流均为 1 A
最高反向工作电压（V）	晶体管反向工作时的最高电压	加在晶体管上的反向电压超过一定值时，晶体管将会被击穿，失去单向导电能力。为了保证使用安全，规定了最高反向工作电压值，如 1N4001 和 1N4007 晶体管的最高反向工作电压分别为 50 V 和 1 000 V
最大反向电流	最大反向电流是指晶体管在常温（25 ℃）状态下最高反向工作电压作用时，流过晶体管的最大电流	反向电流越小，说明晶体管的单向导电性越好。反向电流与温度有着密切的关系，温度每升高 10 ℃，反向电流大约增大 1 倍。例如，2AP1 型锗晶体管，在 25 ℃时反向电流若为 250 μA，温度升高到 35 ℃，反向电流将上升到 500 μA；以此类推，在 75 ℃时，它的反向电流可能达到 8 mA，不仅失去了单向导电性，还可能会使管子因过热而损坏。又如，2CP10 型硅晶体管，25 ℃时其反向电流仅为 5 μA，温度升高到 75 ℃时，反向电流可能达到 160 μA。可以看出硅晶体管比锗晶体管在高温下具有更好的稳定性
最高工作频率 f_m	晶体管工作的上限频率	因晶体管中有 PN 结，其结电容由势垒电容组成，所以晶体管工作的上限频率主要取决于 PN 结的结电容大小。若工作频率超过此值，则单向导电性将受到影响。此参数与反向恢复时间（从导通状态向截止状态转变时，所需要的时间）也息息相关，如 1N4148 晶体管的反向恢复时间约为 4 ns，可工作在几十 MHz 的高频下

扫一扫看使用数字万用表检测晶体管的放大倍数微课视频

实训 8　使用数字万用表检测晶体管的放大倍数

通常小功率晶体管的放大倍数 β 在几十到几百之间，通过测量处于放大状态的晶体管的 I_c 和 I_b，再将两者相除即可得到放大倍数 β。

（1）如图 3.8 所示为仿真测试晶体管 2N5551 的 β 值的简单电路。

在图 3.8 中，通过测量得到 e 极和 c 极的电位分别为 $V_e \approx 0.69\,\text{V}$ 和 $V_c \approx 2.65\,\text{V}$，$\beta$ 值的计算过程如下：

$$\beta = \frac{I_c}{I_b} = \frac{(5-V_c)/R_c}{(5-V_e)/R_b} \approx \frac{(5-2.65)/2000}{(5-0.69)/420\,000} \approx 115$$

（2）用数字万用表的 hFE 挡可以直接测量晶体管的放大倍数 β。如图 3.9 所示为一种数字万用表的晶体管 β 值的测量电路原理图（各种型号的数字万用表与之类似）。

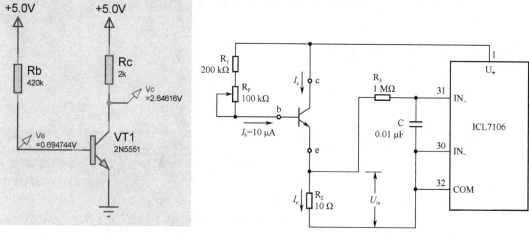

图 3.8　仿真测试 2N5551 晶体管放大倍数　　　图 3.9　数字万用表测量三极管放大倍数电路原理

下面以 NPN 型晶体管为例来介绍晶体管 β 值的测量原理。在图 3.9 中，当被测 NPN 型晶体管插入 NPN 型测试插口后，与图中的 R_1、R_2 及 R_P 构成一个简单的放大电路，模数转换器芯片 ICL7106 的 U_+ 端与 COM 端之间总有一个稳定的+2.8 V 电压（由芯片内部基准电压源产生），R_P 为万用表 hFE 挡的校准电位器，一般在内部已调整其阻值使测试电流 I_b 接近 10 μA。R_2 为 10 Ω 的取样电阻。

假定被测的 NPN 型晶体管为硅管，并且其直流 β 值为 180，那么该晶体管插入 NPN 型测试插口后，得到 I_e=10 μA×180=1800 μA，即 1.8 mA。这样 R_2 上将产生一个 18 mV 的电压，该电压经 R_3、C 组成的滤波电路送至 ICL7106 的 IN_+ 端进行测量，在液晶显示屏上显示的电压读数为 180，代表了 β 值为 180。

由于晶体管的直流放大倍数一般不会超过 1 000，如常见的 8050 晶体管，其直流放大倍数也不超过 400，即使放大倍数高的某些专用晶体管一般也不超过 1000，所以在测量放大倍数时，若晶体管的极性和引脚均正确，万用表显示值却为 1，那就是该晶体管被损坏了。用 VC9205 数字万用表测量 S9013 晶体管的放大倍数，可按照如图 3.10 所示的方法。

成功使用数字万用表测量晶体管放大倍数的必要条件是晶体管的极性和 e、b、c 极的插入位置要正确，而且晶体管没有被损坏，成功得到放大倍数后，也就明确了晶体管的 e、b、c 极和极性。

图 3.10　用数字万用表测量晶体管的放大倍数

另外，使用数字万用表的二极管挡也可以测量晶体管 PN 结的正向导通电压，也可以明确判断晶体管的极性和晶体管的 b 极。

3.2　晶体管的应用单元电路

3.2.1　晶体管的直流应用电路

1. 门电路

如图 3.11 所示为几个由晶体管组成的门电路的实例。数字电路中的信号只有 0 和 1，晶体管也只有截止与饱和两个状态，分析起来也相对简单。

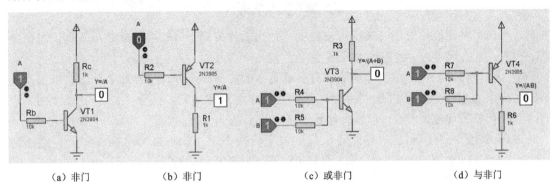

（a）非门　　　　　（b）非门　　　　　（c）或非门　　　　　（d）与非门

图 3.11　由晶体管组成的门电路

在图 3.11（a）中，A 端为高电平 1 时，NPN 型晶体管饱和导通，输出端被晶体管拉到低电平 0；反之，A 端为低电平 0 时，NPN 型晶体管截止，输出端被上拉电阻拉到高电平 1，所以为非门电路。

在图 3.11（b）中，A 端为高电平 1 时，PNP 型晶体管截止，输出端被下拉电阻拉到低电平 0；反之，A 端为低电平 0 时，PNP 型晶体管饱和导通，输出端被晶体管拉到高电平 1，所以也为非门电路。

图 3.11（c）中，A 端或 B 端的任何一个为高电平 1 时，NPN 型晶体管导通，输出端被晶体管拉到低电平 0；反之，A 端和 B 端都为低电平 0 时，NPN 型晶体管截止，输出端被上拉电阻拉到高电平 1，所以为或非门电路。

图 3.11（d）中，A 端或 B 端的任何一个为低电平 0 时，PNP 型晶体管导通，输出端被晶体管拉到高电平 1；反之，A 端与 B 端都为高电平 1 时，PNP 型晶体管截止，输出端被下拉电阻拉到低电平 0，所以为与非门电路。

2. 驱动电路

如图 3.12 所示为晶体管作为驱动电路的实例。

图 3.12（a）为 NPN 型晶体管驱动 LED 的实例。由于 LED 最适合恒流驱动，所以可以利用晶体管的放大作用，当输入高电平 1（+5 V）时，基极电流基本稳定，集电极电流（LED 电流）是基极电流的 β 倍也基本稳定，所以此电路也为恒流驱动电路。

图 3.12（b）为 NPN 型晶体管驱动继电器的实例。由于继电器的线圈可以用合适的电压

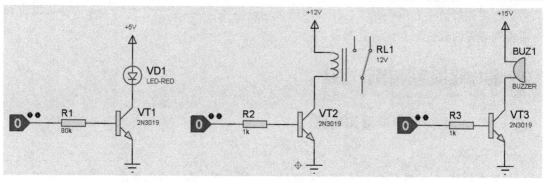

（a）恒流驱动 LED　　　　　　（b）驱动继电器　　　　　　（c）驱动蜂鸣器

图 3.12　三极管驱动电路

控制，所以可利用晶体管的开关作用来控制它。当输入高电平 1（+5 V）时，晶体管饱和导通，+12 V 电压就加到了继电器的线圈上。

图 3.12（c）为 NPN 型晶体管驱动有源蜂鸣器的实例。蜂鸣器直接加上合适的电压就会鸣叫，产生报警信号，所以也利用晶体管的开关作用来控制它。当输入高电平 1（+5 V）时，晶体管饱和导通，+15 V 电压就加到了蜂鸣器上。

如图 3.12（c）所示的电路还可以起到电平转换作用，如将蜂鸣器换成电阻，则起到 +5 V 电平到+15 V 电平的转换作用，用于两种不同电平之间的衔接。

3. 恒流源电路

如图 3.13 所示是利用稳压二极管和晶体管提供一个简单的恒流源。由于稳压二极管的稳压作用，基极电位 V_b=5.6 V，发射极电位 V_e=V_b-0.6=5.0 V，由于 e 极和 c 极的电流基本相同，所以流经负载的电流为：

$$I_{load} = \frac{V_e}{R_e} = \frac{5.0}{10 \times 10^3} = 0.5 \text{ mA}$$

由于稳压二极管的作用，这一电路在负载上的电流在一定范围内能稳定在 0.5 mA 而不随着电源电压或负载电阻的变化而变化。

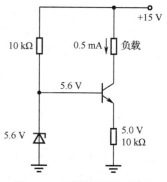

图 3.13　三极管恒流源电路

4. 电流镜电路

电流镜是 1:1 的电流控制电流源，它的受控电流与输入参考电流相等，即输出电流等于输入电流，使用一个基准电流源作为参考，提供一个对称的恒定电流，通常是由性能高度匹配器件如相同的晶体管组成的结构，称为电流镜，是恒流源电路的一种特殊形式。

在图 3.14（a）中，晶体管的 β 会受温度的影响，但因为是电流镜，输出电流不受 β 变化的影响，主要依靠外接电阻 R_1 经 VT_1 来决定输出电流 I_o（$I_{o1}=I_{s1}$）。

图 3.14（b）和图 3.14（a）相比，只是极性不同而已。

图 3.14（c）为图 3.14（b）的简化，使用二极管代替其中一个晶体管。

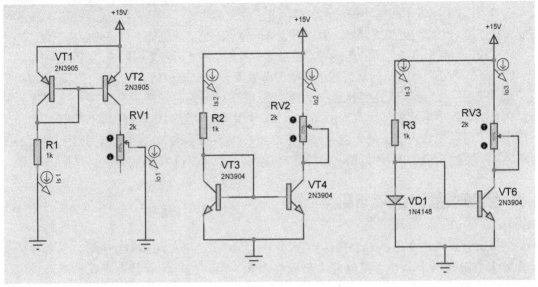

（a）PNP 电流镜　　　　　（b）NPN 电流镜　　　　　（c）简易电流镜

图 3.14　晶体管电流镜电路

3.2.2　晶体管的交流应用电路

如图 3.15 所示的交流放大电路中，输入端接低频交流电压信号 v_i（如音频信号，频率为 20 Hz～20 kHz），输出端可以接负载电阻（如高电阻耳机）或者接下一级放大电路等，输出电压用 v_o 表示。其中，图 3.16（a）中的晶体管基极电流由偏置电阻 R_1 提供，而图 3.15（b）中的基极电流则由 R_3 和 R_5 分压后提供。集电极电阻是晶体管的集电极负载电阻，它将集电极电流的变化转换为电压的变化，实现电路的电压输出。图 3.15（b）相比图 3.15（a），电路还多了发射极电阻，所以更加稳定。

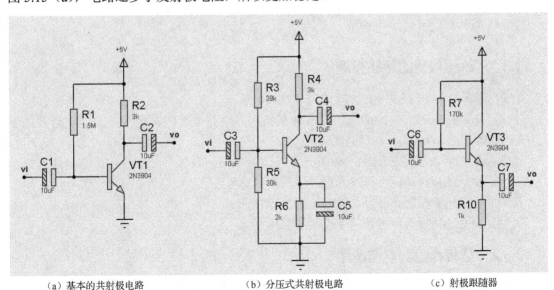

（a）基本的共射极电路　　　　（b）分压式共射极电路　　　　（c）射极跟随器

图 3.15　晶体管交流放大电路

图 3.15（c）为发射极输出的放大电路，电压放大倍数是 1，但是可以起到阻抗匹配和电流放大的作用，也称为射极跟随器。射极跟随器的特点是输出阻抗低、带负载能力很强，可用于小功率输出、两个电路之间的连接等，减少电路间直接相连所带来的影响，起到缓冲作用。

图 3.15 中每个电路图的前后端电容均起隔直流、通交流和耦合的作用。在正常放大的信号频率范围内，可以认为容抗近似为零，所以分析电路时，在直流通路中电容视为开路，在交流通路中电容视为短路。图 3.15（b）中发射极相连的电容则起旁路作用。由于发射极增加了电阻使输入电压 v_i 不能全部加在 b 极、e 极的两端，在发射极电阻上再并联一个旁路电容，使对于直流相当于开路，仍能稳定工作；而对于交流信号，旁路电容相当于短路。

3.3　达林顿管的连接与应用

达林顿管就是两个晶体管连接在一起当一个晶体管使用，又称为复合管。达林顿管的电流放大倍数是两个晶体管电流放大倍数的乘积，因此达林顿管具有很高的电流放大倍数，可以达到几千至几十万倍。利用达林顿管可以构成简单的高增益放大器，获得大电流输出，提高电路的驱动能力；或者构成达林顿功率开关管，所以在电路设计中，达林顿管接法常用于功率放大电路和稳压电源等场合。有些型号的达林顿管内部可能还有匹配电阻或保护二极管等。如图 3.16 所示为几种常见的达林顿管。

图 3.16　常见的达林顿管

3.3.1　达林顿管的四种接法

达林顿管的内部根据两个晶体管的极性不同，有四种接法，即 NPN+NPN、PNP+PNP、NPN+PNP、PNP+NPN。前两种是相同类型晶体管的同极性接法，后两种是使用 NPN 和 PNP 晶体管相互串联的异极性接法。

达林顿管的等效晶体管极性，和前一个晶体管相同，而与后一个晶体管的极性无关。即电流小的那个晶体管是什么极性则整个达林顿管就相当于什么极性。

两种同极性达林顿管及等效晶体管如图 3.17 所示。

两种异极性达林顿管及等效晶体管如图 3.18 所示。

3.3.2　达林顿管的典型应用

常见的达林顿管电路有大功率开关电路、电动机调速电路、逆变电路、小型继电器驱动电路等。以下是几种达林顿管的应用实例。

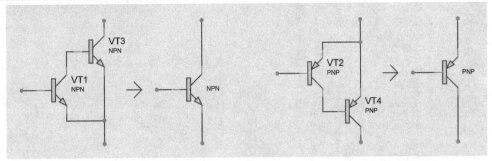

（a）NPN+NPN　　　　　　　　　　　　　　　（b）PNP+PNP

图 3.17　两种同极性达林顿管及等效晶体管

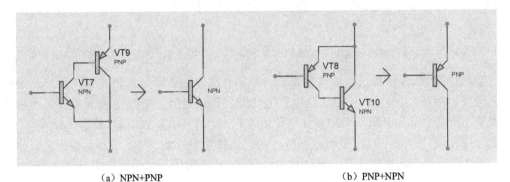

（a）NPN+PNP　　　　　　　　　　　　　　　（b）PNP+NPN

图 3.18　两种异极性达林顿管及等效晶体管

1. 大功率达林顿管 SLA4061 驱动电磁阀的开关电路

如图 3.19 所示为某高空作业车主控板的电磁阀驱动电路。TTL（Transistor-Transistor Logic，晶体管-晶体管逻辑）电平的开关信号经 TD62706 进行信号放大后提供大功率达林顿管 SLA4061 的基极电流，使 SLA4061 总是工作在截止、导通两种状态。控制被控装置与所接的 24 V 电源的连通与关闭，可实现对电磁阀和信号指示灯的控制。检测时只需在输入端加入一个 TTL 高电平，在集电极与 24 V 电源之间串联一个假负载，即可判断输出电路的好坏。

2. TIP122 达林顿管压控恒流源电路

如图 3.20 所示的压控恒流源电路是用电压来控制电流的变化的。为了能产生恒定的电流，采用运放的电压闭环控制。恒流源电路由运放 OP27、大功率达林顿管 TIP122、取样电阻 R_s、负载电阻 R_L 等组成。取样电阻 R_s 的电流等同输出端电流，输出电流在 R_s 上的电压与基准电压比较，并将误差电压通过运放放大后反馈到大功率达林顿管 TIP122，这样在电网电压变动的情况下仍能保持稳定输出电流。TIP122 可以满足输出电流最大达到 2 A 的要求，整个电路也能较好地实现电压 U_i 近似线性地控制电流 I_o。R_s 选用热稳定性好的镍铜丝，并选取阻值为 2 Ω，使在电流较低时也能获得较大的电压值。当 U_i 一定时，运放的 $U_i=U_f$，由于达林顿管的 $I_c≈I_e$，$I_o=I_s=U_i/R_s$，即 I_o 不随 R_L 或 V_{CC} 的变化而变化，从而实现压控恒流源。

3. 9013 晶体管+8050 晶体管组成的达林顿管路障闪烁告警电路

如图 3.21 所示为 9013 晶体管和 8050 晶体管组成的达林顿管路障闪烁告警电路。电路为

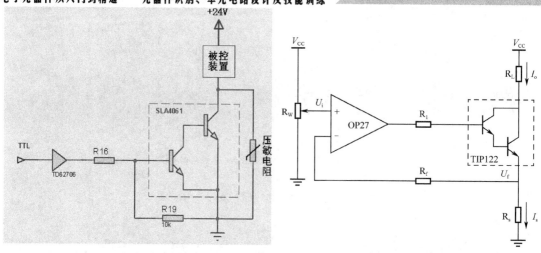

图 3.19　SLA4061 大功率达林顿管驱动电磁阀的开关电路　　图 3.20　TIP122 达林顿管压控恒流源电路

220 V 交流电经 MB6S 桥堆进行全波整流后，一路直接作为告警灯 E 的电源，另一路经电阻 R_1 降压限流、稳压二极管 VD_S 稳压及电容 C_1 滤波后输出稳定的 12 V 直流电作为光控开关电路和闪灯集成电路的电源。光控开关电路由 VT_1 和 VT_2 构成的达林顿管、光敏电阻 R_L 及电阻 R_2 组成，白天有光时 R_L 呈现低电阻，所以达林顿管（即 VT_1、VT_2）截止，电源开关关断，后续电路没有电源不工作，晶闸管 VT_4 因没有控制信号而关断，告警灯 E 不亮。在夜里 R_L 的阻值很大，VT_1 的基极电位也随之升高，VT_1 与 VT_2 构成的达林顿管导通，就为后续电路提供了工作必需的 12 V 直流电压。当闪灯集成电路 XC26HZ 获得正常必需的直流电压后，其输出端就能输出 2.6 Hz 的方波信号，经晶体管 VT_3 驱动后加至晶闸管 VT_4 的控制极，使 VT_4 随方波信号间歇导通与关闭，从而驱动告警灯 E 闪烁。

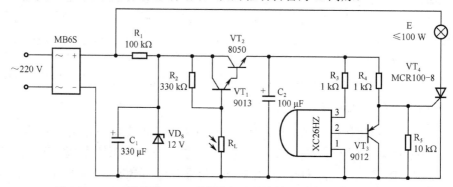

图 3.21　9013 晶体管+8050 晶体管组成的达林顿管路障闪烁告警电路

4. BD135 晶体管和 2N3055 晶体管组成的达林顿管直流稳压电源

由集成稳压器 LM723 构成的输出电流为 8 A 的 13.8 V 直流稳压电源电路如图 3.22 所示，由于大功率 2N3055 晶体管在 8 A 输出的电流放大倍数只有 10 倍左右，所以采用 BD135 晶体管和 2N3055 晶体管组成的达林顿管进行扩流，电路中的限流电阻 R_{sc} 可以采用 PCB 上的铜皮来制成印刷电阻以节约成本。输出端通过一个 10 kΩ 电位器 R_2 的中心抽头得到反馈信号，进入 LM723 的反相输入端（引脚 4），调整 R_2 可以获得所要求的 13.8 V 输出电压。误差放大器的补偿是由连接在 LM723 的引脚 13 和引脚 4 之间的 500 pF 的电容 C_2 来完成的。

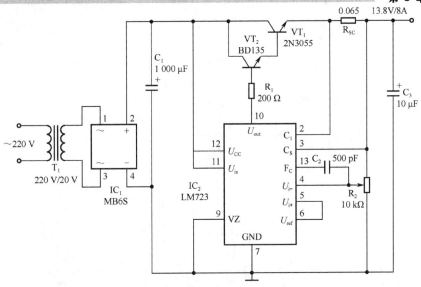

图 3.22　BD135 晶体管和 2N3055 晶体管组成的达林顿管直流稳压电源

在图 3.22 中，当输出超过 8 A 时会自动降低输出电压，一旦出现过电流（>8 A）或短路的情况，LM723 将自动关断达林顿管，甚至能将输出电压降为接近 0 V，直到短路状态消除为止。电路中的达林顿管也可以更换成采用两只 2N3055 来实现，变压器 T_1 采用 220 V 转 20 V 的电源变压器，次级额定输出电流为 8 A。

3.4　达林顿管集成电路

多个达林顿管集成在一起就成了达林顿管集成电路，常用的有 ULN20 和 ULN28 系列，如 ULN2001A～ULN2004A 为 7 个 NPN 达林顿管的集成电路，ULN2803、ULN2804、ULN2823、ULN2824 为 8 个 NPN 达林顿管的集成电路。

如图 3.23 所示为 ULN2003A 达林顿管集成电路的内部单元电路和驱动感性负载的连接电路。如果驱动非感性负载，引脚 9 可以悬空。ULN2003A 的引脚 9 是内部 7 个续流二极管负极的公共端，各二极管的正极分别接各达林顿管的集电极，即输出引脚。用于驱动感性负载时，引脚 9 接负载电源的正极，以消除感性线圈产生的反电动势，保护集成电路不受损坏。

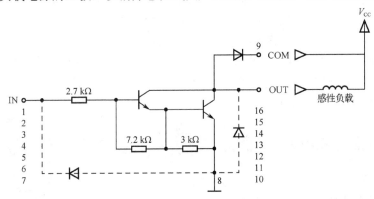

图 3.23　ULN2003A 达林顿管集成电路的内部单元电路和驱动感性负载的连接电路

实用电路 1 滚动广告灯电路设计

ULN2003A 达林顿管集成电路驱动的滚动广告灯电路如图 3.24 所示。

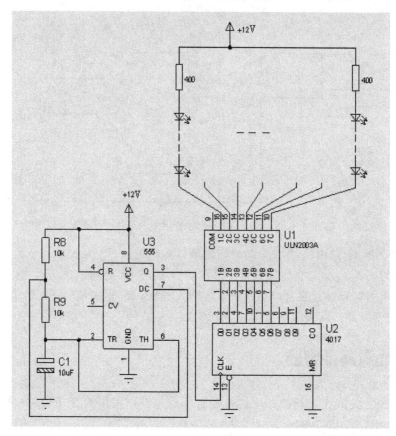

图 3.24 ULN2003A 达林顿管集成电路驱动的滚动广告灯电路

电路中的 555 集成电路 U_3 和 R_8、R_9 及 C_1 组成多谐振荡器，产生一个时钟信号，信号的频率与三个元件有关，如需更改信号频率可调整三个元件的值。时钟信号进入集成电路 U_2 计数器形成计数输出，每增加一个时钟脉冲，集成电路 U_2 的输出端为 1 的引脚逐渐从左到右循环，信号被 ULN2003A 的达林顿管集成电路 U_1 驱动后，逐渐从左到右循环使顶部各列 LED 的最低端电位为 0，也就是使 LED 灯条从左到右逐列点亮。

由于广告滚动往往需要一列有很多个 LED，超过 4 个 LED 以后 +5 V 电源就不够用了，这样往往需要用高压电源。假如需要每列 10 个 LED，则需要 LED 顶部电阻上端的电位为 +20 V 以上，这个电压将超过集成电路 U_2 和 U_3 的极限电压，在这种情况下往往需要使用 ULN2003A 达林顿管集成电路 U_1 进行高压和大电流的驱动。

实训 9 晶体管常见参数的测试

1. 实训目的

掌握晶体管常见参数的测试和应用电路。

扫一扫看 PNP 管开关电路微课视频

扫一扫看 NPN 管开关电路（非门电路）微课视频

扫一扫看基本的共射极电路微课视频

2．电路原理

本实训项目的电路如图 3.25 所示。

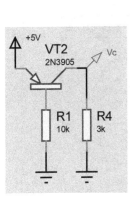

（a）PNP型晶体管开关电路

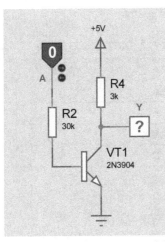

（b）非门电路

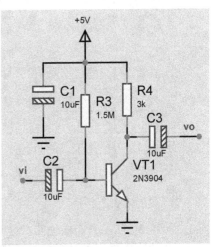

（c）基本的共射极电路

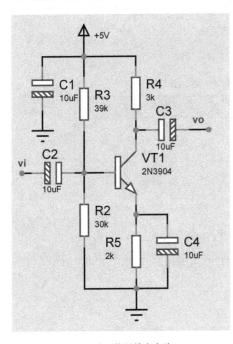

（d）分压偏置放大电路

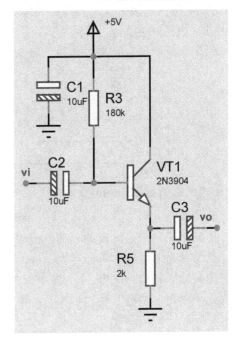

（e）射极跟随器电路

图 3.25　晶体管应用电路

3．实训器材

所用实训器材有直流电源、万用表、信号发生器、数字示波器等。

4．PNP 管开关功能测试步骤

（1）按图 3.25（a）连接电路，检查无误后加电。

（2）使用万用表测量晶体管的饱和压降 U_{ec}。

（3）悬空晶体管 VT_2 的基极，测量晶体管集电极的输出电压，计算穿透电流 I_{eco}。

（4）继续加大电源电压为 10 V 左右，使用万用表测量各输出电压。

（5）记录和分析测量结果，并写入表 3.2 中。

表 3.2　PNP 管开关功能测试结果记录

序号	参 数 名 称	实测结果	备　注
1	饱和压降 U_{ec}（+5 V 电源）		
2	穿透电流 I_{eco}（+5 V 电源）		
3	饱和压降 U_{ec}（+10 V 电源）		
4	穿透电流 I_{eco}（+10 V 电源）		

5. 非门功能测试步骤

（1）按图 3.25（b）连接电路，检查无误后加电。

（2）使用万用表测量晶体管的 c 极电位 V_c。

（3）将 A 端分别接+5 V（表示高电位 1）和 GND（表示低电位 0），记录 Y 端的电位 V_c（接近+5 V 表示高电平 1，接近 0 V 表示低电平 0）。

（4）记录和分析测量结果，并写入表 3.3 中。

表 3.3　非门功能测试结果记录

序号	A 端	Y 端	备　注
1	0		
2	1		

6. 基本的共射极电路测试步骤

（1）按图 3.25（c）连接电路，检查无误后加电。

（2）使万用表测量晶体管的 b 极电位 V_b 和 c 极电位 V_c。

（3）调节信号发生器，将幅度为 10 mV、频率为 1 kHz 的正弦波信号，加到输入 v_i。

（4）测量输入和输出波形。

（5）记录结果，并写入表 3.4 中。

表 3.4　基本的共射极电路测试结果记录

序号	参数名称	结　果	备　注
1	V_b		b 极电位
2	V_c		c 极电位
3	V_i		交流输入电压 v_i 的有效值
4	V_o		交流输出电压 v_o 的有效值
5	A_v		交流电压的放大倍数（V_o/V_i）

7. 分压偏置放大电路测试步骤

（1）按图 3.25（d）连接电路，检查无误后加电。

（2）使用万用表测量晶体管三个极的电位 V_e、V_b 和 V_c。

（3）若 V_c 偏离 2.5 V 太远，可以更换基极偏置电阻，再次重复步骤（2），直到 V_c 在 2.5 V 附近。

（4）调节信号发生器，将幅度为 10 mV、频率为 1 kHz 的正弦波信号，加到输入 v_i。

（5）测量输入输出波形。

（7）记录结果，并写入表 3.5 中。

表 3.5　分压偏置放大电路测试结果记录

序号	参数名称	结　果	备　注
1	V_e		e 极电位
2	V_b		b 极电位
3	V_c		c 极电位
4	V_i		交流输入电压 v_i 的有效值
5	V_o		交流输出电压 v_o 的有效值
6	A_v		交流电压的放大倍数（V_o/V_i）

8. 射极跟随器电路测试步骤

（1）按图 3.25（e）连接电路，检查无误后加电。

（2）使用万用表测量晶体管两个极的电位 V_e、V_b。

（3）若 V_c 偏离 2.5 V 太远，可以更换基极偏置电阻，再次重复步骤（2），直到 V_c 在 2.5 V 附近。

（4）调节信号发生器，将幅度为 100 mV、频率为 1 kHz 的正弦波信号，加到输入 v_i。

（5）测量输入和输出波形。

（6）记录结果，并写入表 3.6 中。

表 3.6　射极跟随器电路测试结果记录

序号	参数名称	结　果	备　注
1	V_e		e 极电位
2	V_b		b 极电位
3	V_i		交流输入电压 v_i 的有效值
4	V_o		交流输出电压 v_o 的有效值
5	A_v		交流电压的放大倍数（V_o/V_i）

实训 10　晶体管光控电路的搭建

扫一扫看晶体管光控电路的搭建微课视频

1. 实训目的

掌握晶体管和光敏电阻的使用。

2. 实训电路

本实训项目的电路如图 3.26 所示。

3. 实训器材

本实训所用实训器材有直流电源、万用表、直插式电阻（1/4 W、1 kΩ）1 个、8050 直插式晶体管 1 个、5549 光敏电阻 1 个。

4. 实训步骤

（1）按图 3.26 连接电路，检查无误后加电。

（2）使用手电筒照射光敏电阻，观察 LED 的亮度，测量 V_b 和 V_c。

（3）使用笔帽罩住光敏电阻，观察 LED 的亮度，测量晶体管两个极的电位 V_b 和 V_c。

5. 结果记录

将实训结果记录在表 3.7 中。

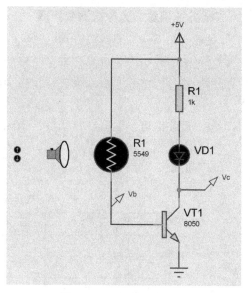

图 3.26　晶体管光控电路

表 3.7　测试结果记录

序号	操 作 方 法	LED 亮度	V_b	V_c	晶体管状态
1	手电筒照射光敏电阻				
2	笔帽罩住光敏电阻				

6. 问题与思考

（1）晶体管处于放大状态时，发射结和集电结的偏置是什么样的？

（2）晶体管处于饱和状态时，发射结和集电结的偏置是什么样的？

（3）如果要修改成白天 LED 灭，晚上 LED 亮，应如何修改电路？

第*4*章

场效应晶体管

场效应晶体管（简称场效应管）是一种通过输入电压控制其输出电流的半导体器件，所以属于电压控制型器件。它最突出的特点是输入阻抗很高，工作时不需要给信号源提供电源，而且输出阻抗小。按结构的不同，场效应管可分为绝缘栅型场效应管（Insulated-Gate Field-Effect Transistor，IGFET）和结型场效应管（Junction Field-Effect Transistor，JFET）。

4.1 绝缘栅型场效应管

扫一扫看第 4 章场效应晶体管教学课件

4.1.1 绝缘栅型场效管的结构和图形符号

绝缘栅型场效应管由金属、氧化物和半导体制成，又称为金属-氧化物-半导体型场效应管（Metal-Oxide-Semiconductor Field-Effect Transistor，MOSFET），简称 MOS 管。MOS 管按导电沟道可分为 P 沟道和 N 沟道；按栅极电压幅值可分为耗尽型和增强型。N 沟道 MOS 管的内部结构示意如图 4.1 所示，图 4.2 是 MOS 管的图形符号。

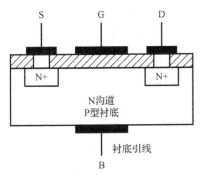

图 4.1　N 沟道 MOS 管的内部结构示意

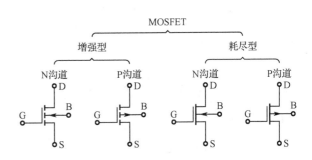

图 4.2　MOS 管的图形符号

在图 4.1 和图 4.2 中，G 是栅极，D 是漏极，S 是源极，中间的箭头 B 表示衬底。

几种常见的场效应管如图 4.3 所示。

（a）直插式封装场效应管

（b）贴片式封装场效应管

图 4.3　常见的场效应管

4.1.2　绝缘栅型场效管的工作原理

当漏极-源极间加正向电压时，栅极-源极间的电压为零。不论漏极-源极间的电压极性如何，总有一个 PN 结在反向偏置状态，漏极-源极之间无电流流过。

当栅极-源极间加上足够大的正向电压时，使 P 型半导体反型成 N 型而成为反型层，漏极-源极间就会有电流产生（简称漏极电流）。

在相同的漏极-源极间电压下，栅极-源极间电压越大，漏极电流越大，从而实现栅极-源极间电压对漏极电流的控制。

4.1.3　绝缘栅型场效应管的特性

下面以 N 沟道增强型绝缘栅型场效应管为例来进行介绍。

1. 转移特性

在一定的漏极-源极间电压下，栅极-源极间电压与漏极电流之间的关系用转移特性曲线来表示，如图 4.4 所示，其中 U_T 为开启电压。

2. 输出特性

输出特性曲线反映漏极电流与漏极-源极间电压之间的关系，与晶体管的输出特性曲线相似，可分为三个区：可变电阻区、放大区、截止区，如图 4.5 所示，可以看出预夹断轨迹线左侧的漏极电流显著降低。

4.1.4　绝缘栅型场效应管的主要参数与检测

1. 主要参数

MOS 管的主要参数如表 4.1 所示。

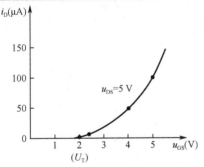

图 4.4　N 沟道增强型绝缘栅型场效应管
　　　　的转移特性曲线

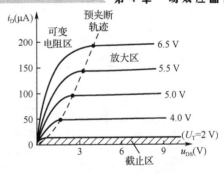

图 4.5　N 沟道增强型绝缘栅型场效应管
　　　　的输出特性曲线

表 4.1　MOS 管的主要参数

名　称	主 要 参 数
直流参数	开启电压 U_T；夹断电压 U_P；饱和漏极电流 I_{DSS}；直流输入电阻 R_{GS}
交流参数	低频跨导 g_m
极限参数	最大漏极电流 I_{DM}；最大耗散功率 P_{DM}；栅源击穿电压 $U_{(BR)GS}$；漏源击穿电压 $U_{(BR)DS}$

2．MOS 管的检测

采用指针式万用表的 $R×10\,kΩ$ 挡可以判断 MOS 管的极性、是否漏电及放大能力。

对于功率型 MOS 管，将型号面向自己，管脚排列如图 4.6 所示，左侧引脚为栅极 G，右侧引脚为源极 S，中间引脚为漏极 D。

在对 MOS 管进行检测前，先将人体接地放电，然后才能接触 MOS 管的引脚。把红表笔接 S 极，把黑表笔接 D 极，万用表指针应该指向 ∞。如果有阻值表示此 MOS 管有漏电现象，不能使用。

图 4.6　MOS 管的管脚
　　　　排列

如果把红表笔接 S 极，黑表笔接 D 极，然后用手指接触 G 极，这时指针应有较大的偏转。如果偏转的角度大，说明其放大性能较好。可以用此方法检查和估计 MOS 管的放大能力（跨导）。

实训 11　大功率可调线性稳压电源电路的设计

扫一扫看大功率可调线性稳压电源电路的设计微课视频

1．实训目的

利用 TL431 和 IRF640 设计一个大功率可调线性稳压电源。

2．实训电路

应用 MOS 管的可调线性稳压电源电路，如图 4.7 所示。

3．实训器材

所用实训器材有稳压电源、元件、万用表、万用电路板、电烙铁、吸锡器、焊锡、镊子和松香等。电路的元器件清单如表 4.2 所示。

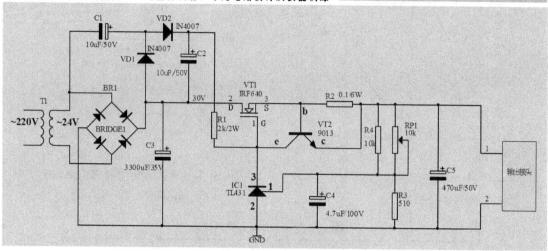

图 4.7　可调线性稳压电源电路

表 4.2　元器件清单

序号	元器件编号	元器件型号或参数	备　注
1	R_1	2 kΩ	2 W，金属膜电阻
2	R_2	0.1 Ω	6 W，金属膜电阻
3	R_3	510 Ω	1/4 W，金属膜电阻
4	R_4	10 kΩ	1/4 W，金属膜电阻
5	C_1、C_2	10 μF/50 V	电解电容
6	C_3	3300 μF/35 V	电解电容
7	C_4	4.7 μF/100 V	电解电容
8	C_5	470 μF/50 V	电解电容
9	VD_1、VD_2、BR_1	1N4007	二极管
10	VT_1	IRF640	MOS 管
11	IC_1	TL431	提供精密电压基准
12	VT_2	9013	NPN 型晶体管
13	R_{P1}	10 kΩ	可变电阻
14	T_1	220 V AC 转 24 V AC	方形变压器
15	小散热器	15 mm×20 mm	黑色，固定在 IRF640 上
16	螺钉若干	$\phi3$	固定作用
17	输出接头		红黑（方形），注意极性
18	万用电路板	5 cm×7 cm	焊盘间距 2.54 mm

4. 实训步骤

（1）按图 4.7 连接电路。

（2）将元件焊接在万用电路板上，注意不要虚焊、脱焊。

（3）检查电路无误后，通电调试。必须要注意人身安全。

（4）当稳压电源电路输出端接 1 kΩ、1.2 kΩ 负载时，调节电阻 R_{P1}，将测试所得的数

据写入表 4.3 中。

（5）证明输出电压 2.5 V～36 V 连续可调。

表 4.3　电路测试数据

输出电压	2.5 V	5 V	10 V	15 V	20 V	26.5 V
负载（1 kΩ）						
负载（1.2 kΩ）						

4.2　结型场效应管

4.2.1　结型场效应管的结构和图形符号

结型场效应管是利用 PN 结上外加的栅极-源极间电压所产生的电场效应来改变耗尽层的宽窄，以达到控制漏极电流器件的目的。

结型场效应管也有 N 沟道和 P 沟道两种。如图 4.8 所示是 N 沟道结型场效应管的内部结构，图 4.9 是结型场效应管的图形符号。

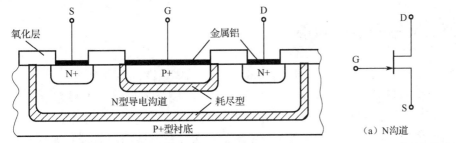

图 4.8　N 沟道结型场效应管的内部结构　　图 4.9　结型场效应管的图形符号

在图 4.8 和图 4.9 中，G 是栅极，D 是漏极，S 是源极。

4.2.2　结型场效应管的特性与检测

下面以 N 沟道结型场效应管为例来进行介绍。

1. 转移特性

转移特性曲线反映了栅极-源极间电压 u_{GS} 对漏极电流 i_D 的控制作用，如图 4.10 所示其中 I_{DSS} 为饱和漏极电流，U_P 为夹断电压。

2. 输出特性

N 沟道结型场效应管的输出特性曲线分为四个区：可变电阻区（左侧虚线的左部区域）、饱和区（两条虚线的中间区域）、击穿区（右侧虚线的右部区域）和截止区（靠近横坐标轴，电流接近 0 的区域），如图 4.11 所示。

3. 结型场效应管的检测

使用万用表的 $R \times 1$ kΩ 挡，将黑表笔连接结型场效应管的任一电极，另一只表笔依次去连接其余的两个电极。如果两次测得的电阻值近似相等，则可以判断黑表笔所接的为栅极，

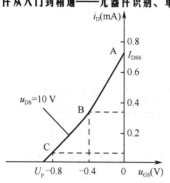

图 4.10　N 沟道结型场效应管的转移特性曲线　　　　图 4.11　N 沟道结型场效应管的输出特性曲线

而另外两个电极为漏极和源极。再将万用表的表笔与漏极和源极的连接顺序互换，如果两次测得的阻值都很小，则该结型场效应管为 P 沟道；如果两次测得的阻值都很大，则为 N 沟道的。

　　根据 PN 结的正、反向电阻存在差异，而在源极–漏极间有一个 PN 结，我们可以交换万用表的表笔先后测两次电阻，记下其中电阻值较低（一般为几千欧至十几千欧）的一次，此时黑表笔连接的是源极，红表笔连接的是漏极。

4.3　使用场效应管的注意事项

　　（1）各类型场效应管在使用时，必须注意场效应管的引脚极性，不能接错。

　　（2）为了安全使用场效应管，在电路设计中采用各类型场效应管时不要超过其极限参数。

　　（3）在调试电路时，要求一切测试仪器、电烙铁、工作台及线路本身都必须有良好的接地，以防止场效应管栅极感应后被击穿。

　　（4）安装场效应管时尽量避免靠近发热元件。当场效应管要在高负荷条件下工作时，必须设计足够的散热器。

　　（5）由于场效应管的输入电阻很高，在储存时应将管子的三个电极短接。如要将管子焊到电路板上或从电路板上取下来，则应先将管子的三个电极使用导线绕在一起。

　　（6）储存场效应管时最好放在金属盒内，同时注意管子的防潮。

实训 12　制作带有电流源偏置的结型场效应管放大电路

1．实训目的

扫一扫看制作带有电流源偏置的结型场效应管放大电路微课视频

　　（1）制作带有电流源偏置的结型场效应管放大电路。

　　（2）测试结型场效应管的动态参数，进一步了解结型场效应管的性能和特点。

2．实训电路

带有电流源偏置的结型场效应管放大电路如图 4.12 所示。

3．实训器材

使用的实训器材有万用表、稳压电源、万用电路板、电烙铁、吸锡器、焊锡、镊子和

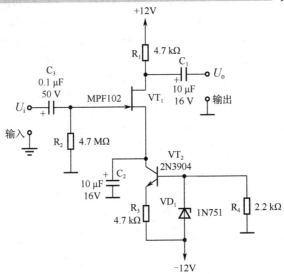

图 4.12 带有电流源偏置的结型场效应管放大电路

松香等。电路的元器件清单如表 4.4 所示。

表 4.4 元器件清单

序号	元器件编号	元器件型号或参数	备 注
1	R_1、R_3	4.7 kΩ	1/4 W，金属膜电阻
2	R_2	4.7 MΩ	1/4 W，金属膜电阻
3	R_4	2.2 kΩ	1/4 W，金属膜电阻
4	C_1、C_2	10 μF/16 V	电解电容
5	C_3	0.1 μF/50 V	电解电容
6	VD_1	1N751	稳压二极管
7	VT_1	MPF102	结型场效应管
8	VT_2	2N3904	NPN 型晶体管

4. 实训步骤

（1）按图 4.12 连接电路。

（2）将元件焊接在电路板上，注意不要虚焊、脱焊。

（3）检查电路无误后，通电调试（注意人身安全）。

（4）对电路的静态工作点进行测量和调整。

令 $U_i=0$，并将所得的数据写入表 4.5 中。V_G、V_S、V_D 分别为 VT_1 的栅极、源极和漏极的电位，U_{DS} 为漏极-源极间电压，U_{GS} 栅极-源极间电压，I_D 为漏极电流。

表 4.5 静态工作点的测试数据

V_G	V_S	V_D	U_{DS}	U_{GS}	I_D

（5）测试和计算电压放大倍数 A_V、输入电阻 R_i 和输出电阻 R_o，并将所得的数据写入表 4.6 和表 4.7 中（在 $f=1$ kHz 时加入 U_i 正弦信号，注意保持输入信号幅值不变）。

$A_V=U_o/U_i$，R_o 的计算可以通过负载分别为空载和 2.2 kΩ 时的输出电压差除以 2.2 kΩ 电阻中的电流得到。2.2 kΩ 电阻中的电流通过欧姆定律得到。

表 4.6　A_V 和 R_o 的测量和计算

	U_i	U_o	A_V	R_o
$R_L=\infty$				
$R_L=2.2$ kΩ				

将 $f=1$ kHz 的 100 mV 正弦波信号，通过一个水平放置的 4.7 MΩ 电阻接到图 4.12 的输入端，此时 4.7 MΩ 电阻左侧信号电压记为 U_{i1}（$=100$ mV），右侧信号电压记为 U_{i2}，则 $R_i=(U_{i1}-U_{i2})\times4.7\times10^6/U_{i1}$。

表 4.7　R_i 的测量和计算

U_{i1}	U_{i2}	R_i

第**5**章

晶闸管

5.1 晶闸管的工作原理与性能参数

扫一扫看第 5 章晶闸管教学课件

5.1.1 晶闸管的工作原理

晶闸管即硅晶体闸流管，它不仅具有硅整流二极管的单向导通特性，更重要的是能以小功率控制信号控制大功率开关，能在高电压、大电流的条件下工作。

晶闸管的种类较多，常见的有普通型（单向型）、双向型、光控型等。其中，普通晶闸管的应用范围最为广泛，而且其结构及工作原理也是其他类型晶闸管的基础。以下所说的晶闸管，如果没有特殊说明，均指普通晶闸管。

晶闸管的电路模型如图 5.1 所示，图中的晶闸管可以看作是两个晶体管即 PNP 管和 NNN 管连接而成的。

晶闸管的工作原理电路如图 5.2 所示。设在阳极 A 和阴极 K 之间接上工作电源 U_A，在控制 G（或称为门极）和阴极 K 之间接入控制信号 U_G，通过对图 5.2 进行仿真，可以发现图 5.2（a）、（b）电路的效果是一样的。

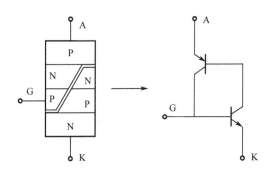

图 5.1　晶闸管的电路模型

（1）阳极加负电压，即电源 U_A 颠倒极性，两个晶体管都截止，晶闸管处于反向阻断状态。

（2）阳极加正电压 U_A，控制极不加电压，两个晶体管都截止，晶闸管处于正向阻断状态。

（3）阳极加正电压 U_A，同时控制极加正电压+U_G，两个晶体管都导通，晶闸管导通；即使撤除控制极的正电压+U_G，两个晶体管仍然能维持导通，即晶闸管维持导通。

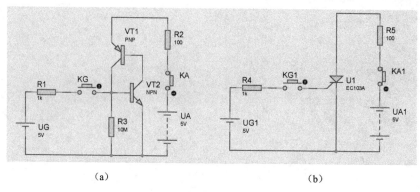

（a）　　　　　　　　　　　　　　　　（b）

图 5.2　晶闸管的工作原理电路

（4）要使导通的晶闸管截止，必须将阳极电压降至一定的值甚至为负值，使晶闸管阳极电流降至维持电流 I_H 以下。

综上所述，可得出如下结论。

（1）晶闸管正向导通必须具有一定的条件：阳极加正向电压，同时控制极加正向触发电压。

（2）晶闸管一旦导通，控制极即失去控制作用，晶闸管有维持导通的特性，这点和开关晶体管不同，要使晶闸管从导通到关断，必须将阳极电流减小到维持电流 I_H 以下或将阳极电压减小到零或使之反向。

5.1.2　晶闸管的结构和图形符号

晶闸管的结构和图形符号如图 5.3 所示。晶闸管由 PNPN 四层半导体材料构成，中间形成了三个 PN 结，由外层的 P 型半导体和 N 型半导体分别引出阳极 A 和阴极 K，由中间 P 型半导体引出控制极 G。如图 5.3（b）、（c）所示分别为阴极侧受控和阳极侧受控晶闸管的图形符号，如图 5.3（d）所示为没有规定控制极类型时的晶闸管图形符号。

从外观上看，双向晶闸管和普通晶闸管很相似，也有三个电极。但是它除其中一个电极 G 称为控制极外，另外两个电极称为主电极 T_1 和 T_2，通常不再称为阳极和阴极。它的符号也和普通晶闸管不同，相当于是把两个晶闸管反接在一起，如图 5.4 所示为双向晶闸管的结构与图形符号。

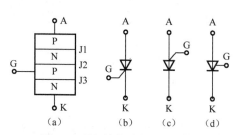

图 5.3　晶闸管的结构和图形符号

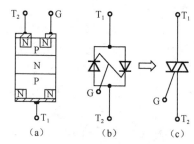

图 5.4　双向晶闸管的结构与图形符号

从内部结构来看，双向晶闸管是一种 N-P-N-P-N 型的五层结构半导体器件，如图 5.4（a）所示。为了便于理解，不妨把图 5.4（a）看成是由正反两个方向的晶闸管组合而成的，图形符号为图 5.4 (b) 所示，简化图形符号如图 5.4 (c) 所示。从 T_1 到 T_2 称为正向，从 T_2 到 T_1 称为反向。双向晶闸管的作用和两只普通晶闸管反向并联起来的作用是等效的，这也是双向晶闸管具有双向控制导通特性的原因。

双向晶闸管的触发有两个特点，一是无论主电极上加的是正向电压还是反向电压，它都能被触发导通；二是不管触发信号的极性如何，双向晶闸管都能被触发导通。双向晶闸管的这两个特点是普通晶闸管所没有的。

如图 5.5 所示为几种常见的晶闸管。带散热装置的晶闸管一般用在功率大的场合并且需要连接散热器，如最右边的螺栓式晶闸管在实际应用时还需要用螺栓固定在散热器上。

图 5.5　常见的晶闸管

5.1.3　晶闸管的主要性能参数

晶闸管的主要性能参数如表 5.1 所示。

表 5.1　晶闸管的主要性能参数

名　称	说　明	备　注
正向阻断峰值电压 U_{DRM}	G 极断开且晶闸管截止时，允许重复加在晶闸管两端的正向峰值电压	正向电压超过这个值时，晶闸管会被损坏
反向阻断峰值电压 U_{RRM}	指允许重复加在晶闸管两端的反向峰值电压	反向电压超过这个值时，晶闸管会被损坏
额定电压 U_D	通常把 U_{DRM} 和 U_{RRM} 中较小的一个值称为晶闸管的额定电压	在这个值下工作时，无论晶闸管处于正向还是反向状态都是安全的
通态平均电压 U_T	即晶闸管导通时的压降。一般来说这个电压值越小越好，一般为 0.4～1.2 V	通常晶闸管的正向电流可能比较大，所以这个电压值也决定了晶闸管的功耗
通态平均电流 I_T	即晶闸管正向导通时的平均电流，指在标准的散热条件和不超过 40 ℃温度时，通过工频（国内为 50 Hz）正弦半波电流，在一个周期内被允许导通的最大平均值	通常这个值越大越好
维持电流 I_H	在晶闸管 G 极断开的情况下，晶闸管导通后能维持继续导通时需要的最小阳极电流	如导通时小于该电流，则晶闸管截止，需要重新通过 G 极触发导通
控制极触发电压 U_G 和触发电流 I_G	在一定的正向电压条件下，使晶闸管从关断到导通所需的最小电压和电流	触发时如果低于这个值，晶闸管将无法导通

5.1.4 使用数字万用表检测晶闸管

晶闸管的 G 极和 K 极间是一个 PN 结，相当于一个二极管，可以使用数字万用表的二极管挡测量其导通电压，应为 0.7 V 左右。

检测晶闸管的维持导通功能，可将万用表置 hFE 挡，晶闸管 A 极接 NPN 插座的 C 孔，K 极接 NPN 插座的 E 孔，G 极悬空，这时由于 G 极悬空，在正常情况下晶闸管不导通，应显示 000，若显示千位为 1，则表明晶闸管已击穿导通。当显示为 000 时，用 G 极触碰一下 A 极，若这时转为显示千位为 1，说明晶闸管已触发导通。断开 G 极与 A 极的连线，仍然显示千位为 1，说明该管可以维持导通，质量良好。

如图 5.6 所示为使用 VC9205 型数字万用表测量 MCR100-8 型晶闸管的方法示意。当按图插入 MCR100-8 的引脚 1（K 极）和引脚 3（A 极）后，万用表显示 000，用镊子触碰一下引脚 2（G 极）和引脚 3（A 极），即触碰图 5.6 中画×的位置，万用表应转为只在千位显示 1。

图 5.6　使用数字万用表测量 MCR100-8 型晶闸管

5.2　常用晶闸管及基本应用

5.2.1　普通晶闸管的应用电路

晶闸管主要应用于以下几个方面。

（1）无触点开关：可快速接通或切断大功率的直流或交流回路，而不产生火花或拉弧现象，可代替机械开关，特别适用于防火防爆的场合。

（2）可控整流：将交流电变换为可调节的直流电。晶闸管整流电路具有效率高、响应速度快、体积小、质量轻等诸多优点。

（3）逆变电源：将直流电变换为交流电，或将交流电的频率进行变换，用于多种恒频或变频电源以及交流电动机的变频调速等。

（4）交流调压：改变交流电的有效值大小，可用于加热器的调温、灯具的调光和交流电动机的调压调速等。

（5）斩波器：将恒定的直流电变换为断续直流脉冲信号，以改变其有效值，可用于开关型稳压电路、直流电动机的调速等。

下面为两个晶闸管的实用电路案例。

实用电路 2　直流开关电路

如图 5.7 所示是一种能使连接在直流电源上的直流负载通、断的开关电路。当开关 S 在左端闭合时，晶闸管 VT$_1$ 导通，负载 R$_L$ 加电，晶闸管 VT$_2$ 断开，电容器 C 按图示的极性

（左-，右+）充电。当开关 S 在右端闭合时，晶闸管 VT_2 导通，C 上的电荷通过 VT_2 放电，使晶闸管 VT_1 反向偏置，从维持导通变为截止状态，负载 R_L 断电。

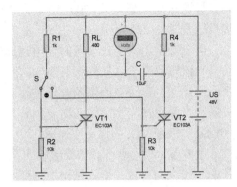

图 5.7　直流开关电路

实用电路 3　漏电保护电路

漏电保护电路如图 5.8 所示。

在图 5.8 中，$VD_1 \sim VD_4$ 组成桥式整流电路，零序电流互感器 TA 被用于检测电路中性点的不平衡电流。在正常情况下，通过 TA 中的三相电路电流矢量和为零，TA 无感应电压输出，整流桥整流后无直流电压输出，导致晶闸管 VT 无触发电压而处于截止状态，脱扣线圈 BL 无电流通过，断路器 QF 将一直处于闭合状态，三相电源向负载正常供电。如果电源的某相电路发生漏电故障，流过 TA 中的三相电流矢量和不为零，TA 将有感应电压输出，此电压经 $VD_1 \sim VD_4$ 桥式整流、由 C_1 滤波后得到直流电压，并加到晶闸管 VT 的 G 极，晶闸管 VT 导通，脱扣线圈 BL 得电后动作，使 QF 的三相触点断开，切断负载的三相电源供电。

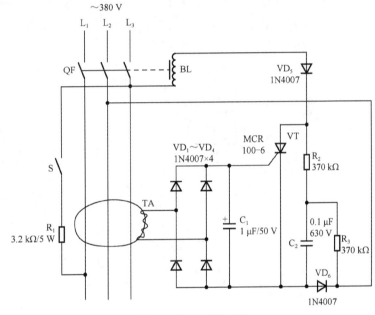

图 5.8　漏电保护电路

图 5.8 中的 S 为测试按钮，在正常情况下按下 S，也会使 TA 中的三相电流不平衡，脱扣线圈 BL 动作，断路器 QF 断开。

5.2.2　双向晶闸管的应用电路

下面是三个双向晶闸管的实用电路案例。

实用电路 4　双向二极管触发双向晶闸管的交流调压器

在图 5.9 所示的交流调压器中，VT 为双向晶闸管，它的导通时间在周期中所占的比例将决定灯泡 H 的电压有效值。VD_1 为双向二极管，当所加正向电压或反向电压达

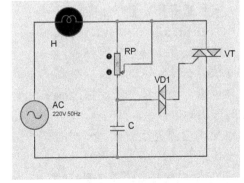

图 5.9　双向二极管触发双向晶闸管的交流调压器

到其导通电压（通常为 20～80 V）时导通，导通后压降显著降低，从而为双向晶闸管 VT 提供触发脉冲。

当电源电压为上正下负时，电源通过 R_P 向电容 C 充电，电容 C 的电压极性为上正下负，当该电压高于双向二极管 VD_1 的导通电压时，双向晶闸管 VT 由于得到一个正向触发信号而导通，直至交流电源电压过零时，晶闸管自行关断。

当电源电压为上负下正时，对电容 C 反方向充电，电压极性为上负下正，当该电压高于双向二极管 VD_1 的导通电压时，VD_1 管反向导通，双向晶闸管 VT 再次导通。

改变 R_P 的大小可调节交流输出电压。调大 R_P 值，电容 C 的充电速度变慢，双向晶闸管的导通时间变短，交流输出电压变小；反之，调小 R_P 值，交流输出电压变大。

实用电路 5　集成移相触发器控制的交流调压器

如图 5.10 所示是用集成移相触发器 TCA785 控制的交流调压器。调节电位器 R_P（12 kΩ），可实现对输出负载 R_L 的交流电压进行调节。该集成移相触发器的移相范围为 0°～180°，可直接触发 50 A 的双向晶闸管 VT。

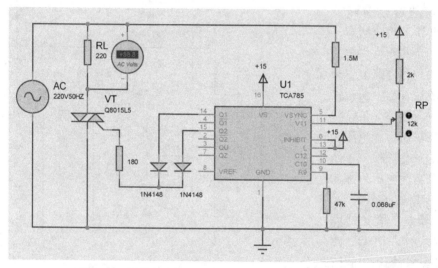

图 5.10　用集成移相触发器 TCA785 控制的交流调压器

实用电路 6　安全感应开关

安全感应开关电路如图 5.11 所示。在图 5.11 中，VN 为氖管，B 是一块人体感应金属板，将其放置在危险区的边缘以检测人体位置。当人体接近感应金属板时产生的电容和本机电容 C_1 一起对交流电源进行分压，分得的电压使氖管 VN 导通，再经晶体管 VT_1 组成的射极跟随器使双向

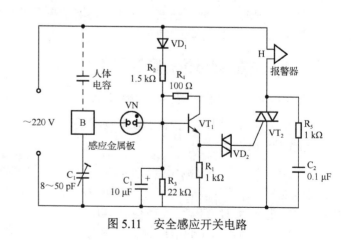

图 5.11　安全感应开关电路

二极管 VD_2 导通，继而触发双向晶闸管 VT_2 并使其导通，报警器得到 220 V 交流电后发声报警。该安全感应开关可以安装在机床、冲床等有危险因素的场合，防止人的误入而发生安全事故，也可以安装在仓库、商场等场合作为防盗报警使用。

5.2.3 晶闸管的光隔离控制

一般的双向晶闸管的控制方式为移相触发和过零触发。对移相触发，一般是改变每周波导通的起始点位置，从而调节晶闸管的平均输出功率，实际上是通过控制晶闸管的导通角大小来控制晶闸管导通的相对时间。对过零触发，顾名思义就是在过电压零点时触发晶闸管，交流电因为有正负周期，在由正到负或由负到正时都要经过电压零点，在一定的时间内改变导通周波数来改变双向晶闸管的平均输出功率，可以实现调节负载功率的效果。

常规的晶闸管触发电路与主回路之间由于有直接的电气连接，易受电网电压波动和电源波形畸变的影响，为了解决触发的同步问题，往往又使电路更加复杂。MOC3021～3081 器件采用光隔离技术可以很好地解决这些问题。该类器件常用于触发晶闸管，具有价格低、触发电路简单可靠等特点。

如图 5.12 所示为 MOC3021 的内部结构示意和外形，它包含一个砷化镓红外线 LED 和对光敏感的硅双向开关，功能类似双向晶闸管，为随机触发模式，通常用作移相触发。

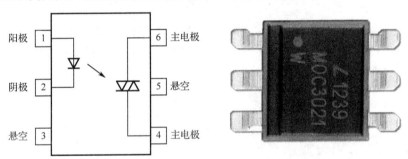

图 5.12 MOC3021 器件的内部结构示意和外形

如图 5.13 所示为 MOC3031 器件的内部结构示意和外形，相比于 MOC3021，MOC3031 多了过零检测电路，采用过零检测触发模式。

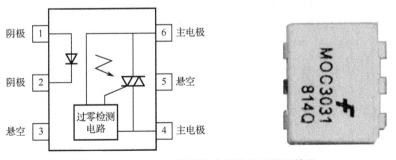

图 5.13 MOC3031 器件的内部结构示意和外形

对于没有过零检测电路的 MOC3021 器件来说，它从有光输入时开始到这个周期的结束都是导通的。基于这种特性，就可以从零点时刻开始往后延时一段时间，给器件内的红外线 LED 加电流使其发光，用它来实现移相控制。

实用电路 7　晶闸管触发和过零检测电路

采用 MOC3021 器件的常用触发电路如图 5.14 所示，其中 39 Ω 电阻和 0.01 μF 电容用于抑制双向晶闸管 VT_1 的浪涌电流，470 Ω 电阻 R_2 和 0.047 μF 电容 C_1 用于抑制 MOC3021 器件 VT_2 的输出侧浪涌电流，这四个元件为可选，根据实际电路需要选择是否采用。其中，R_{L1} 为受控的负载，当输入前置信号时，MOC3021 器件 VT_2 可以保证在过电压零点时刻后的任何时间内触发双向晶闸管 VT_1。

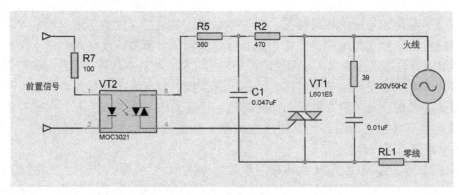

图 5.14　采用 MOC3021 器件的常用触发电路

采用 MOC3041 器件的常用过零检测电路如图 5.15 所示，其中 R_{L2} 为受控的负载，当输入前置信号时，MOC3041 器件 VT_4 可以保证在过电压零点时刻触发双向晶闸管 VT_3，让当时那个半周的正弦波通过负载 R_{L2}。

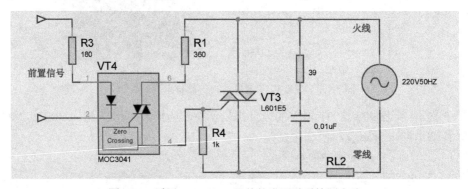

图 5.15　采用 MOC3041 器件的常用过零检测电路

MOC3041 等器件的过零触发有两个条件，一是信号必须在 0 V 附近，二是此时有前置信号。MOC3021 等器件的移相触发也有两个条件，一是信号必须在 0 V 时刻以外的其他时间，二是此时有前置信号。相比较过零触发和移相触发两种方式，过零触发只能在零点附近进行触发，移相触发则能在零点以外的大部分时刻进行触发。

实训 13　单向晶闸管的检测及应用

1. 实训目的

掌握晶闸管的基本应用及各种参数的测试方法。

扫一扫看单向晶闸管的检测及应用微课视频

2. 实训电路

本实训项目的电路如图 5.16 所示。

此电路可以用来检测单向晶闸管的几个基本参数，如触发电流、触发电压、维持电压等。同时此电路也是单向晶闸管的基本应用电路。

3. 实训器材

所用实训器材有 MCR100-8 单向晶闸管 1 个、100 Ω 电阻 1 个（R_L）、100 Ω 电阻 1 个（R_G）、万用表、直流电源 2 台。

此电路的元器件清单如表 5.2 所示。

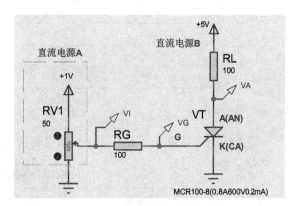

图 5.16 单向晶闸管的检测及应用电路

表 5.2 元器件清单

序号	元器件编号	元器件型号或参数	备 注
1	VT	MCR100-8 或 EC103M 等	
2	R_G	100 Ω	
3	R_L	100 Ω	可用灯泡代替

4. 触发实训步骤

（1）先使用万用表的 hFE 挡测量 MCR100-8 型晶闸管，辨别三个极（G、A、K），不能接错。

（2）按图 5.16 连接电路（在实训时图中虚线框内容用一台直流电源 A 代替）。

（3）将直流电源 A 预调到+0 V 输出，将直流电源 B 预调到+5 V 输出，同时打开两个电源，并用万用表的电压挡监测电位 V_A。

（4）调节直流电源 A 使输入电路的电位 V_I 从 0 V 到 1 V 缓慢变化，同时监测 V_A。

（5）当 V_A 从+5 V 左右突然大幅度降低时，晶闸管导通。

（6）晶闸管导通后去掉电阻 R_G，监测 V_A，看是否能继续维持晶闸管导通。

5. 检测实训步骤

（1）将直流电源 A 预调到+0 V 输出，将直流电源 B 预调到+5 V 输出，同时打开两个电源，并用万用表的电压挡监测 V_A。

（2）调节直流电源 A 使输入电路的电位 V_I 从 0 V 到 1 V 缓慢变化，同时监测 V_A。

（3）一旦晶闸管导通，记录导通前瞬间的 V_I 和 V_G。

（4）导通后去掉电阻 R_G，缓慢调低直流电源 B 的输出，直到不能再维持晶闸管导通，记录不能维持导通前瞬间的 V_A。

6. 检测实训结果

将检测实训结果写入表 5.3 中。

表5.3　检测实训结果记录

序号	参数名称	测 试 结 果	备　注
1	V_I		导通前瞬间的 V_I
2	V_G		导通前瞬间的 V_G
3	V_A		不能维持导通前瞬间的 V_A

7. 根据检测结果进行计算

根据检测结果进行计算，将计算结果写入表5.4中。

表5.4　计算结果记录

序号	参数名称	计 算 结 果	备　注
1	触发电流		
2	触发电压		
3	维持电流		

8. 问题与思考

（1）晶闸管能够被触发导通需要什么条件？

（2）晶闸管导通后，如果撤除触发电流，晶闸管是否还继续导通？

（3）晶闸管触发导通后，如果要让它回到断开状态，需要什么条件？

（4）可否使用单相晶闸管作为市电 220 V 的电路开关？

实训 14　双向晶闸管的检测及应用

扫一扫看双向晶闸管的检测及应用微课视频

1. 实训目的

掌握双向晶闸管的基本应用及各种参数的测试方法。

2. 实训电路

本实训项目的电路如图5.17所示。

此电路可以用来检测双向晶闸管的几个基本参数，如触发电流、触发电压、维持电压等。同时此电路也可以用于测试双向晶闸管的双向导通特性。

3. 实训器材

所用实训器材有 MAC97A6（或 L601）双向晶闸管 1 个、100 Ω 电阻 1 个（R_L）、100 Ω 电阻 1 个（R_G）、万用表、直流电源 2 台。

此电路的元器件清单如表5.5所示。

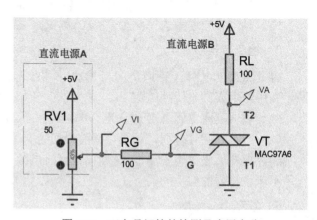

图 5.17　双向晶闸管的检测及应用电路

表 5.5　元器件清单

序号	元器件编号	元器件型号或参数	备　注
1	VT	MAC97A6 或 L601	
2	R_G	100 Ω	
3	R_L	100 Ω	可用灯泡代替

4. 触发正向导通实训步骤

（1）先根据 MAC97A6 的图示辨别三个极（G、T_1、T_2），不能接错。

（2）按图 5.17 连接电路（在实训时图中虚线框内容用一台直流电源 A 代替）。

（3）将直流电源 A 预调到+0 V 输出，将直流电源 B 预调到+5 V 输出。

（4）同时打开两个电源，并用万用表的电压挡监测电位 V_A。

（5）调节直流电源 A 使输入电路的电位 V_I 从 0 V 到 5 V 缓慢变化，同时监测 V_A。

（6）当 V_A 从+5 V 左右突然大幅度降低时，晶闸管正向导通。

（7）晶闸管导通后去掉电阻 R_G，监测 V_A，看是否能继续维持晶闸管正向导通。

5. 触发反向导通实训步骤

在完成触发正向导通实训后，开展触发反向导通实训，步骤如下：

（1）交换直流电源 B 的正、负极，即 R_L 顶端接-5 V 电源。

（2）同时打开两个电源，并用万用表的电压挡监测电位 V_A。

（3）调节直流电源 A 使输入电路的电位 V_I 从 0 V 到 5 V 缓慢变化，同时监测 V_A。

（4）当 V_A 从-5 V 左右突然大幅度升高时，晶闸管反向导通。

（5）晶闸管导通后去掉电阻 R_G，监测 V_A，看是否能继续维持晶闸管反向导通。

6. 正向检测实训步骤

（1）将直流电源 A 预调到+0 V 输出，将直流电源 B 预调到+5 V 输出，同时打开两个电源，并用万用表的电压挡监测电位 V_A。

（2）调节直流电源 A 使输入电路的电位 V_I 从 0 V 到 1 V 缓慢变化，同时监测 V_A。

（3）一旦晶闸管导通，记录导通前瞬间的 V_I 和 V_G。

（4）导通后去掉电阻 R_G，缓慢调低直流电源 B 的输出，直到不能再维持晶闸管导通，记录不能维持导通前瞬间的 V_A。

7. 正向检测实训结果

将正向检测实训结果写入表 5.6 中。

表 5.6　正向检测实训结果记录

序号	参数名称	测试结果	备　注
1	V_I		导通前瞬间的 V_I
2	V_G		导通前瞬间的 V_G
3	V_A		不能维持导通前瞬间的 V_A

8. 根据正向检测结果进行计算

根据正向检测结果进行计算，将计算结果写入表 5.7 中。

表 5.7　计算结果记录

序号	参数名称	计算结果	备　注
1	正向触发电流		
2	正向触发电压		
3	正向维持电流		

9. 反向检测实训步骤

（1）将直流电源 A 预调到+0 V 输出，将直流电源 B 预调到-5 V 输出，同时打开两个电源，并用万用表的电压挡监测电位 V_A。

（2）调节直流电源 A 使输入信号 V_I 从 0 V 到 5 V 缓慢变化，同时监测 V_A。

（3）一旦晶闸管导通，记录导通前瞬间的 V_I 和 V_G。

（4）导通后去掉电阻 R_G，缓慢调低直流电源 B 的输出（绝对值减小），直到不能再维持导通，记录不能维持导通前瞬间的 V_A。

10. 反向检测实训结果

将反向检测实训结果写入表 5.8 中。

表 5.8　反向检测实训结果记录

序号	参数名称	测　试　结　果	备　注
1	V_I		导通前瞬间的 V_I
2	V_G		导通前瞬间的 V_G
3	V_A		不能维持导通前瞬间的 V_A

11. 根据反向检测结果进行计算

根据反向检测结果进行计算，将计算结果写入表 5.9 中。

表 5.9　计算结果记录

序号	参数名称	计　算　结　果	备　注
1	反向触发电流		
2	反向触发电压		
3	反向维持电流		

12. 问题与思考

（1）双向晶闸管能够被触发导通需要什么条件？

（2）双向晶闸管导通后，如果撤除触发电流，晶闸管是否还继续导通？

（3）双向晶闸管触发导通后，如果要让它回到断开状态，需要什么条件？

（4）双向晶闸管与单向晶闸管有什么本质的区别？

（5）可否使用双相晶闸管作为市电 220 V 的电路开关？

第6章

光电器件

6.1 光敏电阻的工作原理与性能参数

扫一扫看第 6 章光电器件教学课件

光敏电阻顾名思义就是对光照比较敏感的一种电阻，不同的光照强度照射在光敏电阻上，光敏电阻的阻值是不同的。入射光强，电阻值减小；入射光弱，电阻值增大。这种现象称为光导效应，因此，光敏电阻又称为光导管。

如果在光敏电阻两端的金属电极之间加上电压，其中便有电流通过，当受到适当波长的光线照射时，电流就会随光照强度的增大而变大，从而实现光电转换。光敏电阻没有极性，使用时既可加直流电压，也可加交流电压。

6.1.1 光敏电阻的结构、图形符号和分类

光敏电阻主要采用金属的硫化物、硒化物和碲化物等半导体材料制作而成，一般制成薄片结构，以便吸收更多的光能。通常采用涂敷、喷涂、烧结等方法在绝缘衬底上制作很薄的光敏电阻体及梳状金属电极，然后接出引线，封装在具有透光镜的密封壳体内，以免受潮影响其灵敏度。常见光敏电阻的外形如图 6.1 所示，其内部结构如图 6.2 所示。光敏电阻在电路中用字母 R、RL 或 RG 表示，其图形符号如图 6.3 所示。

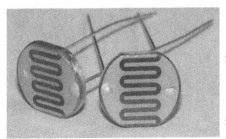

半导体光敏层

梳状
金属电极

梳状
金属电极

金属引脚
顶部

金属引脚
顶部

图 6.1 常见光敏电阻的外形　　　图 6.2 光敏电阻的内部结构　　图 6.3 光敏电阻的图形符号

光敏电阻按半导体材料可分为本征型光敏电阻和掺杂型光敏电阻。后者的性能稳定，特性较好，故得到广泛应用。

光敏电阻根据光谱特性可分为以下几种。

（1）紫外光光敏电阻：对紫外线较灵敏，包括硫化镉、硒化镉光敏电阻等，用于探测紫外线。

（2）红外光光敏电阻：主要有硫化铅、碲化铅、硒化铅和锑化铟光敏电阻等，广泛用于导弹制导、天文探测、非接触测量、人体病变探测、红外光谱测量、红外通信等国防、科学研究和工农业生产中。

（3）可见光光敏电阻：包括硫化镉、硒化镉、碲化镉、砷化镓、硫化锌光敏电阻等，主要用于各种光电控制系统，如门的自动开关，航标灯、路灯和其他照明系统的自动亮灭，装置的自动给水和停水，机械装置的自动保护和位置检测，极薄零件的厚度检测，照相机的自动曝光，以及光电计数、烟雾报警、光电跟踪等方面。

6.1.2　光敏电阻的工作原理

光敏电阻是基于内光电效应制成的，其工作原理示意如图 6.4 所示。在黑暗环境里，半导体材料的电阻值很高，当受到光照时，只要光子能量大于半导体材料的禁带宽度，则价带中的电子吸收一个光子的能量后可跃迁到导带，并在价带中产生一个带正电荷的空穴，这种由光照产生的电子-空穴对增加了半导体材料中载流子的数目，使其电阻率变小，从而造成光敏电阻的阻值下降。光照越强，阻值越低。入射光消失后，由光子激发产生的电子-空穴对将复合，光敏电阻的阻值也就恢复原值。

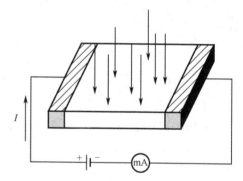

图 6.4　光敏电阻的工作原理示意

6.1.3　光敏电阻的性能参数

光敏电阻的主要性能参数如下。

1. 暗电阻、暗电流

光敏电阻在室温和全暗条件下测得的稳定电阻值称为暗电阻或暗阻，在一定的外加电压下流过的电流称为暗电流。光敏电阻的暗电阻越大越好，如 MG41-21 型光敏电阻的暗电阻大于等于 0.1 MΩ。

2. 亮电阻、亮电流、光电流

光敏电阻在室温和一定光照条件下测得的稳定电阻值称为亮电阻或亮阻，在一定的外加电压下流过的电流称为亮电流。光敏电阻的亮电阻越小越好，MG41-21 型光敏电阻的亮电阻小于等于 1 kΩ。

亮电流和暗电流之差称为光电流。

3. 灵敏度

灵敏度是指光敏电阻不受光照射时的电阻值（暗电阻）与受光照射时的电阻值（亮电阻）的相对变化值。

4. 时间常数

时间常数是指光敏电阻从光照跃变开始到稳定亮电流的 63% 时所需要的时间。

5. 电阻温度系数

电阻温度系数是指光敏电阻在环境温度改变 1 ℃ 时，其电阻值的相对变化。

6. 伏安特性曲线

伏安特性曲线用来描述光敏电阻的外加电压与流过光敏电阻的电流之间的关系，如图 6.5 所示。

由图 6.5 可知，光敏电阻的伏安特性曲线近似于直线，而且没有饱和现象。受耗散功率的限制，在使用时，光敏电阻两端的电压不能超过最高工作电压。图 6.5 中的虚线为允许功耗曲线，由此可确定光敏电阻的正常工作电压。

7. 光谱特性曲线

对于不同波长的入射光，光敏电阻的相对灵敏度是不相同的。常见材料的光谱特性曲线如图 6.6 所示。从图 6.6 中可以看出，硫化镉的峰值在可见光区域，而硫化铅的峰值在红外区域，因此在选用光敏电阻时应当把元件和光源的种类结合起来考虑，才能选到最合适的光敏电阻。

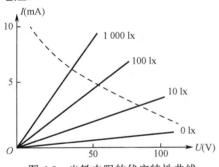

图 6.5　光敏电阻的伏安特性曲线

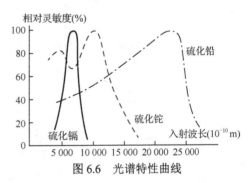

图 6.6　光谱特性曲线

6.1.4　光敏电阻的检测

（1）用一块黑纸片将光敏电阻的透光窗口遮住，使用指针式万用表测量阻值时，此时万用表的指针基本保持不变，阻值接近无穷大。此值越大说明光敏电阻的性能越好，若此值很小或接近于零，说明光敏电阻已被损坏，不能使用。

（2）将某光源对准光敏电阻的透光窗口，此时万用表的指针应有较大幅度的向右摆动，阻值明显减小，此值越小说明光敏电阻的性能越好。若此值很大甚至无穷大，说明光敏电阻的内部开路，已被损坏，不能使用。

（3）将光敏电阻的透光窗口对准某入射光线，用小黑纸片在光敏电阻的透光窗口上部晃动，使其间断受光，此时，万用表指针应随黑纸片的晃动而左右摆动，如果万用表指针

始终停在某一位置，不随纸片晃动而摆动，说明此光敏电阻已被损坏。

6.2 光电二极管的工作原理与性能参数

光电二极管，又叫光敏二极管，与半导体二极管在结构上类似，具有单向导电性，工作时需要加上反向电压。无光照时，光电二极管有很小的饱和反向漏电流，即暗电流，此时光电二极管截止。当受到光照时，光电二极管的饱和反向漏电流大大增加，形成光电流，它随入射光强度的变化而变化。当光线照射 PN 结时，可以使 PN 结中产生电子-空穴对，使少数载流子的密度增加。这些载流子在反向电压下漂移，使反向电流增加。因此可以利用光照强弱来改变电路中的电流。

6.2.1 光电二极管的结构和图形符号

光电二极管的结构如图 6.7 所示，管壳上有一个能射入光线的玻璃透镜，入射光通过玻璃透镜正好照射在管芯上，其管芯是一个具有光敏特征的 PN 结。光电二极管的图形符号如图 6.8 所示。常见的光电二极管如图 6.9 所示。

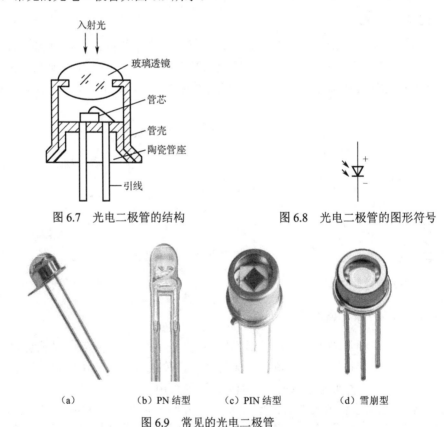

图 6.7　光电二极管的结构　　　　图 6.8　光电二极管的图形符号

（a）　　　（b）PN 结型　　　（c）PIN 结型　　　（d）雪崩型

图 6.9　常见的光电二极管

在电路图中光电二极管的文字符号一般为 VD。

常见的光电二极管有三种类型：PN 结型、PIN 结型、雪崩型。

6.2.2　光电二极管的工作原理

光电二极管是将光信号变成电信号的半导体器件。它的核心部分也是一个 PN 结，和普通二极管相比，它在结构上不同的是，为了便于接收入射光照射，PN 结的面积尽量做得大一些，电极的面积尽量小一些，而且 PN 结的结深很浅，一般小于 1 μm。

光电二极管工作在反向电压下，没有光照射时，其反向电流很小（一般小于 0.1 μA），称为暗电流。当有光照射时，携带能量的光子进入 PN 结后，把能量传给共价键上的束缚电子，使部分电子挣脱共价键，从而产生电子-空穴对，称为光生载流子。它们在反向电压的作用下参加漂移运动，使反向电流明显变大，光的强度越大，反向电流也越大。这种特性称为"光电导"。光电二极管在一般照度的光线照射下，所产生的电流称为光电流。如果在外电路中连接负载，负载就获得了电信号，而且这个电信号随着光的变化而相应变化。

6.2.3　光电二极管的性能参数

几种光电二极管的主要性能参数如表 6.1 所示。

表 6.1　几种光电二极管的性能参数

参数和测试条件 型号	最高反向工作电压(V)	暗电流(μA)	光电流(μA)	光电灵敏度(μA/μW)	峰值响应波长(μm)	光谱响应范围(μm)	响应时间(ns)	结电容(pF)
2CU1A	10	≤0.2	≥80	≥0.5	0.88	0.4～1.1	5～50	≤8
2CU1B～1E	20～50							
2CU2A	10	≤0.2	≥30					
2CU2B～2E	20～50							
2CU5	12	≤0.2	≥5		1.06		≤1	≤4
2CUL1		<5						

1. 最高反向工作电压 U_{RM}

最高反向工作电压是指光电二极管在无光照的条件下，反向漏电流不大于 0.1 μA 时所能承受的最高反向电压值。

2. 暗电流 I_D

暗电流是指光电二极管在无光照及最高反向工作电压条件下的漏电流。暗电流越小，光电二极管的性能越稳定，检测弱光的能力越强。

3. 光电流 I_L

光电流是指光电二极管在受到一定光照时，在最高反向工作电压下产生的电流。其测量条件一般是用色温为 2 856 K 的钨丝光源，照度为 1 000 lx。

4. 光电灵敏度 S_n

光电灵敏度是反映光电二极管对光敏感程度的一个参数，用能量为一微瓦的入射光照射时所产生的光电流来表示，单位为 μA/μW。

5. 响应时间 T_s

响应时间是指光电二极管将光信号转化为电信号所需要的时间。响应时间越短，说明光电二极管的工作频率越高。响应时间一般小于几百微秒，主要由结电容和外部电路电阻值的乘积大小来决定。

6. 正向压降 U_F

正向压降是指光电二极管中通过一定的正向电流时两端产生的压降。

7. 结电容 C_j

结电容是指光电二极管 PN 结的电容值。结电容是影响光电响应时间的主要因素。结面积越小，结电容也就越小，则工作频率越高。

8. 光谱响应特性

光电二极管有一定的光谱响应范围，并对某波长的光有最高的响应灵敏度（峰值响应波长时）。因此，为获取最大的光电流，应选择光谱响应特性符合待测光谱的光电二极管，同时应加大光照度和调整入射光的角度。

6.2.4 光电二极管的检测

用一块黑纸片遮住光电二极管的光信号接收窗口，然后用指针式万用表的 $R{\times}1\ k\Omega$ 挡测量光电二极管的正、反向电阻值。在正常情况下，其正向电阻值为 $10{\sim}20\ k\Omega$，反向电阻值为∞（无穷大）。若测得正、反向电阻值均很小或均为无穷大，则该光电二极管漏电或开路损坏。

去掉黑纸，使光电二极管的光信号接收窗口对准光源，观察其正、反向电阻值的变化。反向电阻值应随光照增强而减小，电阻值为几千欧或更小。电阻值变化越大，说明该光电二极管的灵敏度越高。

6.3 光耦基础

光耦合器也称为光电隔离器或光电耦合器，简称光耦。光耦合器一般由三部分组成：光的发射、光的接收及信号放大。通常把发光器（红外线 LED）与受光器（光电晶体管）封装在同一管壳内。光耦可以实现"电—光—电"的信号转换。

光耦以光为媒介传输电信号，对输入、输出电信号有良好的隔离作用。光耦的输入与输出间互相隔离，电信号的传输具有单向性，因而光耦具有良好的电绝缘能力和抗干扰能力。又由于光耦的输入端属于电流型工作的低阻元件，所以具有很强的共模抑制能力，它在长线传输信息中作为终端隔离元件时可以大大地提高信噪比。在计算机数字通信及实时控制中作为信号隔离的接口器件时可以大大地增加计算机工作的可靠性。

光耦的主要优点是：信号单向传输，输入端与输出端完全实现了电隔离，输出信号对输入端无影响，抗干扰能力强，工作稳定，无触点，使用寿命长，传输效率高。

6.3.1　光耦的结构

光耦分为两种：一种为非线性光耦，另一种为线性光耦，其有 4 脚、6 脚、8 脚三种。非线性光耦的电流传输特性曲线是曲线，这类光耦适用于开关信号的传输，不适合传输模拟量。常用的 4N 系列光耦属于非线性光耦，内部电路及外形分别如图 6.10 和图 6.11 所示。线性光耦的电流传输特性曲线接近于直线，并且在小信号时性能较好，能以线性特性进行隔离控制，常用于开关电源等。常用的线性光耦 PC817 系列的内部电路及外形如图 6.12 所示。

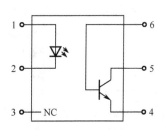

图 6.10　4N 系列光耦的内部电路

图 6.11　4N 系列光耦的外形

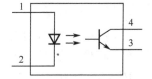

图 6.12　PC817 系列光耦的内部电路及外形

由于光耦的品种和类型非常多，其型号超过上千种，通常可按以下方法进行分类。

（1）按光路径可分为外光路光耦（又称为光电断续检测器）和内光路光耦。外光路光耦又分为透过型光耦和反射型光耦。

（2）按封装形式可分为同轴型光耦、双列直插型光耦、TO 封装型光耦、扁平封装型光耦、贴片封装型光耦及光纤传输型光耦等。

（3）按传输信号可分为数字型光耦（又可分为 OC 门输出型、图腾柱输出型及三态门电路输出型等）和线性光耦（又可分为低漂移型、高线性型、宽带型、单电源型、双电源型等）。

（4）按速度可分为低速光耦（光电三极管、光电池等输出型）和高速光耦（光电二极管带信号处理电路或光敏集成电路输出型）。

（5）按通道可分为单通道光耦、双通道光耦和多通道光耦。

（6）按隔离特性可分为普通隔离光耦（一般用光学胶灌封时绝缘电压低于 5 000 V，用空气填充时绝缘电压低于 2 000 V）和高压隔离光耦（绝缘电压分为 10 kV、20 kV、30 kV 等）。

（7）按工作电压可分为低电源电压型光耦（一般为 5～15 V）和高电源电压型光耦（一般大于 30 V）。

6.3.2　光耦的工作原理

光耦是在输入端加电信号使发光器发光，受光器接收光线后就产生光电流，从输出端流出。光的强度取决于激励电流的大小。光耦的工作原理电路如图 6.13 所示。

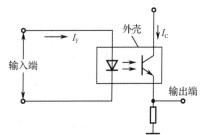

图 6.13　光耦的工作原理电路

6.3.3 光耦的性能参数

光耦的主要性能参数如下。

（1）输入参数：同发光二极管的参数。

（2）输出参数：同光电晶体管的参数。

（3）传输参数：电流传输比 CTR 为在直流状态下，输出电流与输入电流之比。CTR 的范围大多为 20%～300%（如 4N35 型光耦）。PC817A～C 系列光耦的 CTR 为 80%～160%，达林顿型光耦（如 4N30 型）的 CTR 可达 100%～500%。这表明欲获得同样的输出电流，后者只需较小的输入电流。

（4）隔离电阻 R_{ISO}：输入、输出间的绝缘电阻。

（5）极间耐压 U_{ISO}：发光二极管和光电晶体管之间的绝缘电压，一般在 500 V 以上。

6.3.4 光耦的检测

以 PC817 系列光耦为例，光耦的上面标有型号，还有第一个引脚用"⊙"标记，其余引脚按逆时针方向排列，如图 6.14 所示。测量光耦时可使用数字万用表和指针式万用表合作的方式，选数字万用表的 20 kΩ挡，用红表笔接 4 脚，黑表笔接 3 脚；然后选指针式万用表的 $R×1$ kΩ 挡，用黑表笔接 1 脚，红表笔接 2 脚。此时，指针式万用表给光耦的红外线 LED 提供电流，数字万用表用于测量光耦光电晶体管的输出电阻。数字万用表将显示带小数点的数字，数字越小表示光耦的质量越好。

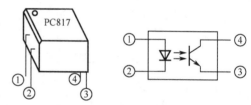

图 6.14　PC817 系列光耦的引脚排列

6.4　红外发射管（接收管）基础

红外光为不可见光，分为近、中、远红外光三种。红外发射管也称为红外线发射二极管，是可以将电能直接转换成近红外光，并能辐射出去的发光器件，主要应用于各种光电开关及遥控发射电路中。红外发射管由红外 LED 组成发光体，用红外辐射效率高的材料（常用砷化镓）制成 PN 结，正向偏压使 PN 结注入电流激发红外光，其光谱功率分布的中心区域波长为 830～950 nm。

红外接收管为光电二极管，其功能与光电二极管相似，只是对可见光无反应，一般只对红外线有反应，感光面积大，灵敏度高。

6.4.1 红外发射管和接收管的结构

人们习惯把红外发射管和红外接收管称为红外对管，如图 6.15 所示。

红外发射管的发光峰值波长（λ_p）主要有 840 nm、850 nm、870 nm、880 nm、940 nm、980 nm。市场上使用较多的为峰值波长 850 nm 和 940 nm 的红外发射管，因为峰值波长 850 nm 的红外发射管的发射功率大，照射的距离较远，主要用于红外监控器材中；而峰值

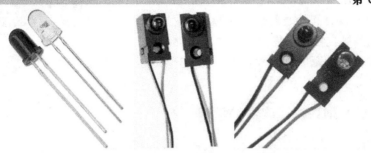

图 6.15　红外发射管和红外接收管

波长 940 nm 的红外发射管主要用于家用电器等产品的红外遥控器中。

红外发射管的功率一般随发光波长的增大而减小，如 850 nm 的功率>880 nm 的>940 nm 的。

红外发射管的价格通常与功率类似，如 850 nm 的价格>880 nm 的>940 nm 的。

6.4.2　红外发射管的工作原理

红外发射管的结构、原理与普通 LED 相近，只是使用的半导体材料不同。红外 LED 通常使用砷化镓（GaAs）、砷铝化镓（GaAlAs）等材料，采用全透明或浅蓝色、黑色的树脂封装。

6.4.3　红外发射管的性能参数

红外发射管的主要性能参数如下。

1. 峰值波长 λ_p

根据发光体在分光仪上测量的能量分布，确定能量的峰值位置所对应的波长，称为峰值波长，用 λ_p 表示，单位为 nm。

2. 辐射强度 P_{ower}

辐射强度表示红外发射管辐射红外线能量的大小，与输入电流成正比，与发射距离成反比，单位为 W/sr，即红外发射管在发射红外线时单位立体角 sr 所辐射出的光功率大小。

3. 电性能

小功率红外发射管的直径为 3 cm 或 5 cm，正向电压为 1.1～1.5 V，电流约为 20 mA。中功率红外发射管的直径为 8 cm 或 10 cm，正向电压为 1.4～1.65 V，电流为 50～100 mA。大功率红外发射管的正向电压为 1.5～1.9 V，电流为 200～350 mA。

4. 方向特性

红外发射管的发射强度因发射方向而异。当方向角度为零时，发射强度定义为 100%；当方向角度增大时，发射强度会减小。如果光轴的角度取其最大方向角度的一半，则发射强度为其峰值的一半，此时光轴的角度称为方向半值角，此角度越小时表示元件的指向性越灵敏。

5. 距离特性

红外接收管的入射光量与红外发射管距离的平方成反比。

红外接收管一般与红外发射管有对应的型号，一般不需要选择，但在选择红外发射管的同时应考虑红外接收管的一些参数特性。

由于红外光波长的范围相当宽，红外发射管必须与红外接收管配对使用，否则将影响红外线接收的灵敏度。

6.4.4　红外发射管和接收管的检测

1.　外形判断

一般红外发射管是透明的，红外接收管是黑色的。通常较长的引脚为正极，另一引脚为负极。

2.　用万用表对红外发射管和红外接收管进行测量的方法

与 LED 和光电二极管的测量方法一样，这里不再赘述。

3.　使用及选型注意事项

红外发射管应保持清洁、完好状态，尤其是其前端的球面形发射部分既不能存在污染物，更不能受到摩擦损伤，否则，从发射管发出的红外光将产生反射及散射现象，直接影响红外光的传播，轻者可能降低红外线接收的灵敏度，缩小控制距离，重者可能产生失灵，甚至红外线接收失效。

红外发射管在工作过程中其各项参数均不得超过极限值，因此在更换选型时应当注意原管的型号和参数，不能随意变更。另外，也不能变更红外发射管的限流电阻。在更换红外发射管和红外接收管进行选型时，要务必关注其所辐射红外光信号的波长参数。

红外发射管封装材料的硬度较低，它的耐高温性能差，为避免损坏，焊点应当尽可能远离管子引脚的根部；焊接温度也不能太高，焊接时间更不宜过长，最好使用金属镊子夹住引脚的根部，以帮助散热。对管子引脚的弯折定型处理应当在焊接前完成，在焊接期间管体与引脚均不得受力。

实训 15　光耦传输模拟信号的测量

扫一扫看光耦传输模拟信号的应用微课视频

1.　实训目的

掌握光耦传输模拟信号的方法，并测量光耦的电流传输比（CTR）。

2.　实训电路

本实训项目的电路如图 6.16 所示。

3.　电路原理

本电路实现的功能为 $U_o=U_i$，也就是实现模拟信号的传输功能，具体原理如下。

电阻 R_{V1} 产生的模拟电压信号 U_i，由于运放的作用，产生的发光电流 I_f 和 U_i 会有 $U_i/100=I_f$ 的关系，光耦的收光侧则会产生一个收光电流 I_c，同时也是流经可变电阻 R_{V2} 的电流，所以会产生一个 U_o。由于 I_f 和 U_i、I_c 和 I_f、U_o 和 R_{V2} 都有线性关系，所以调节 R_{V2} 的阻值可以得到 $U_o=U_i$，这时就一比一地传输了模拟信号。

在实际测试时也可以使用另外一组直流可调电源来代替 R_{V1} 产生的 U_i 信号。

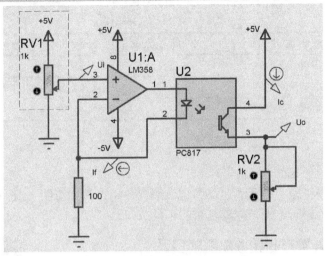

图 6.16　光耦传输模拟信号电路

4. 实训器材

所用实训器材有直流电源、万用表等，电路的元器件清单如表 6.2 所示。

表 6.2　元器件清单

序号	元器件名称	元器件型号或参数		备　　注
1	电阻	100 Ω	1 只	
2	可调电阻	1 kΩ	2 只	
3	集成电路	LM358	1 只	
4	光耦	PC817	1 只	

5. 软件仿真和调试

在用 Proteus 软件仿真调试时，可以使用通用的光耦代替 PC817 光耦，先调节电阻 R_{V1} 使 U_i=0.5 V，再调节电阻 R_{V2} 使 U_o=0.5 V，接着调节电阻 R_{V1} 使 U_i 分别为 0.1 V、0.3 V、0.5 V、0.7 V，最后测试各 U_o 值。

6. 实训步骤

（1）先按图 6.16 搭建电路，检查无误后通电。

（2）调节电阻 R_{V1}，使输入电压 U_i=0.5 V。

（3）调节电阻 R_{V2}，使输出电压 U_o=0.5 V。关闭电源，去掉光耦，测量 R_{V2} 的实际使用阻值。

注意：电阻 R_{V2} 调节好之后，不能再变动。

（4）调节 R_{V1} 改变输入电压 U_i 为 1.0 V、0.8 V、0.6 V、0.4 V、0.2 V。

（5）分别记录上一步的各 U_o，并计算 $CTR = \dfrac{I_c}{I_f} \times 100\%$ 的值，记录数据。

7. 实训数据

将实训测量值和计算值记录在表 6.3 中。

表6.3　测量与计算结果

序号	参 数 名 称	1.0 V	0.8 V	0.6 V	0.4 V	0.2 V
1	输入电压 U_i 测量值（V）					
2	输出电压 U_o 测量值（V）					
3	CTR 的计算值					

8. 问题与提醒

（1）为何 U_i 和 U_o 不能严格相等？

（2）光耦传输模拟信号时是否也具备电气隔离作用？假如将图 6.16 中的光耦接收侧及右边的电源换成另外一套电源，电路是否能正常工作？

实训 16　红外发射和接收电路的设计

扫一扫看红外发光管、接收管的应用微课视频

1. 实训目的

掌握红外发射管和红外接收管的使用方法，并完成信号的发射和接收。

2. 实训电路

本实训项目的电路如图 6.17 所示。

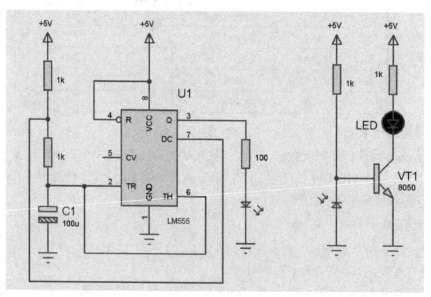

图6.17　红外发射和接收电路

3. 电路原理

本电路通过红外发射管和红外接收管实现脉冲信号的发射和接收，并使用 LED 实现信号显示，具体电路原理如下。

由 LM555 集成电路 U_1、两个电阻及电容 C_1 组成的多谐振荡器在 U_1 的 Q 端产生脉冲电压，加在红外发射管上即可产生光脉冲信号，接收侧反偏放置的红外接收管（光电二极管）收到光脉冲信号后就会反复截止和击穿，导致晶体管 VT_1 反复导通和截止，LED 就能

间断发光。具体逻辑关系如下。

U_1 的引脚 3 如为高电平，则红外发射管中有电流并发光，红外接收管受光后导致晶体管的基极电位不够 0.7 V，晶体管截止，LED 不发光，反之则相反。

实际的现象应该是，红外发射管靠近红外接收管后则 LED 闪烁。

4. 实训器材

所用实训器材有直流电源、万用表等，电路的元器件清单如表 6.4 所示。

表 6.4　元器件清单

序号	元器件名称	元器件型号或参数	备注
1	电阻	1 kΩ，4 只	
2	电阻	100 Ω，1 只	
3	电解电容	100 μF，1 只	C_1
4	集成电路	LM555，1 只	
5	二极管	红外发射管，1 只	
6	二极管	红外接收管，1 只	
7	晶体管	8050	VT_1

5. 软件仿真和调试

用 Proteus 软件仿真调试时，可使用通用的光耦代替红外发射管和红外接收管，电路简单，仿真现象是 LED 闪烁。

6. 实训步骤

（1）按图 6.17 搭建发射侧电路，检查无误后通电，测试 Q 端是否有脉冲电压产生。

（2）将电容 C_1 短路，U_1 输出 Q 端的电位应为高电平，测量此时的发光电流。

（3）按图 6.17 搭建接收侧电路，检查无误后通电。

（4）将发射侧的红外发射管对准接收侧的红外接收管，观察 LED 的变化。

（5）逐渐挪开红外发射管和红外接收管的距离，直到 LED 不闪烁为止，记录收发管子间距离的大小。

（6）将发射侧的电源电压 V_{CC} 调整成+15 V，重复步骤（2）～（5），记录收发管子间距离的大小。

将测试结果写入表 6.5 中。

表 6.5　测试结果

序号	参数名称	V_{CC}=+5 V	V_{CC}=+15 V
1	发光电流（mA）		
2	收发距离（m）		

7. 问题与思考

（1）收发距离与什么有关？

（2）增大收发距离有哪些办法？

第 7 章

开关元件、继电器与干簧管

7.1 开关元件基础

扫一扫看第 7 章开关元件、继电器与干簧管教学课件

开关是一种用来接通和断开电路的元件,广泛用于各种电子设备中。如图 7.1 所示为常见的开关。

图 7.1　常见的开关

7.1.1 开关元件的分类

1. 按照用途分类

开关按照用途可分为波动开关、波段开关、录放开关、电源开关、预选开关、限位开关、控制开关、转换开关、隔离开关、行程开关、墙壁开关、智能防火开关等。

2. 按照结构分类

开关按照结构可分为微动开关、船型开关、钮子开关、拨动开关、按钮开关、按键开关、薄膜开关、点开关等。

3. 按照接触类型分类

接触类型是指开关的操作状况和触点状态的关系，例如"操作（按下）开关后，触点闭合"。通常将接触类型分为 a 型触点、b 型触点和 c 型触点三种。a 型触点是指没有按下开关时，两个接触点处于断开状态，按下开关后变成导通状态，即"常开"。b 型触点与 a 型触点正好相反，没有按下开关时，两个触点处于导通状态，按下开关后变成断开状态，即"常闭"。c 型触点是指将 a 型触点和 b 型触点组合形成一个开关，即"复合"。

4. 按照开关数和功能分类

开关按照开关数和功能的分类有单控开关、双控开关、多控开关、调光开关、调速开关、门铃开关、感应开关、触摸开关、遥控开关、智能开关、插卡取电开关、浴霸开关等。

7.1.2 开关元件的结构和图形符号

以按钮开关为例，开关一般由按钮、复位弹簧、触点、支柱连杆及外壳等部分组成，如图 7.2 所示。

按下按钮，常闭触点（1、2）断开，常开触点（3、4）闭合，松手后，在复位弹簧的作用下，触点复位。

自锁开关与无锁开关的区别：自锁开关一般是指开关自带机械锁定功能，按下去是一直通的，松手后不会弹起来，还是通的，处于锁定状态。只有再多按一次，松手后开关才弹回来关闭。无锁开关是第一次按下去后开，松手后就马上弹回来关闭。

按钮开关的图形符号如图 7.3 所示。

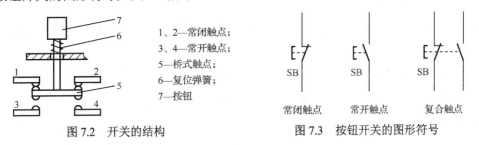

图 7.2 开关的结构 图 7.3 按钮开关的图形符号

7.1.3 按钮开关的性能参数

按钮开关主要用在控制回路中，选型时不仅要考虑额定电压、额定电流、操作温度、电气寿命，还要考虑触点数量、触点种类、按钮的形式、按钮的颜色，以及是否带指示灯等。国家标准规定红色按钮用于停止，绿色按钮用于启动，黄色按钮用于警示，红蘑菇头按钮用于急停。

开关元件的主要性能参数如下。

（1）使用温度范围：−40～+70 ℃。

（2）储存温度范围：−45～+70 ℃。

（3）接触电阻：使用电阻分选仪测量相互接触点之间的接触电阻，应≤30 mΩ。

（4）绝缘电阻：相互绝缘的接线之间，通常加电压 DC 500 V±50 V，持续 1 min 后测量，应≥100 MΩ。

（5）耐电压：两不相邻触点间能承受的电压，通常加 AC 250 V±50 V，持续 1 min 后测量，无击穿现象出现。

（6）电气寿命：开关应能经受以每分钟 7 次的循环操作速率，总数达 10 000 次的工作循环操作试验，在每一循环时间内，"加荷"和"去荷"的时间应相等。试验后开关的机械性能和电气性能应满足使用要求，升温≤55 ℃。

电气寿命的测试方法：测试开合的总次数，直至损坏。如果不用手动方法，可用 1 个小电动机带动偏心零件开合开关，用计数器记录开合次数。

7.2 继电器基础

继电器是一种电控制器件，当输入量的变化达到规定要求时，电气输出电路导通或断开。继电器通常应用于自动控制电路中，它实际上是用小电流去控制大电流操作的一种自动开关。继电器在电路中起着自动调节、安全保护、转换电路等作用，具有隔离功能，广泛应用于遥控、遥测、通信、自动控制、机电一体化及电力电子设备中，是重要的控制元件之一。

7.2.1 继电器的分类

1. 按反应信号分类

继电器按反应信号可分为电流继电器、电压继电器、速度继电器、压力继电器、温度继电器。

2. 按动作原理分类

继电器按动作原理可分为电磁式继电器、感应式继电器、电动式继电器和电子式继电器。

3. 按动作时间分类

继电器按动作时间可分为瞬时动作继电器和延时动作继电器。

4. 按作用原理分类

继电器按作用原理可分为直流电磁继电器、交流电磁继电器、固态继电器、真空继电器。

5. 按接触类型分类

继电器按接触类型可分为 a 型触点（常开）、b 型触点（常闭）、c 型触点（复合）的。不同的继电器接触类型如图 7.4 所示。

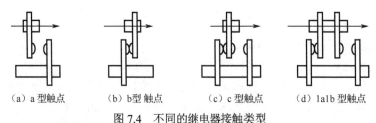

（a）a 型触点　　　（b）b型 触点　　　（c）c 型触点　　　（d）1a1b 型触点

图 7.4 不同的继电器接触类型

常用于电气控制的继电器如图 7.5 所示，其中中间继电器、时间继电器的应用案例较多。

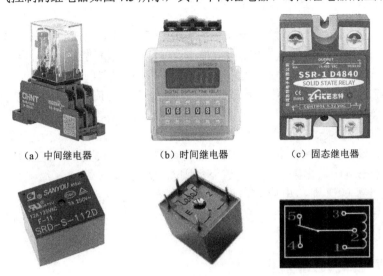

（a）中间继电器　　　（b）时间继电器　　　（c）固态继电器

（d）直流电磁式继电器

图 7.5　常用于电气控制的继电器

7.2.2　继电器的结构与工作原理

以如图 7.6 所示的结构为例进行说明，当线圈引脚两端加上电压或电流时，线圈的励磁电流产生磁通，磁通通过铁芯、轭铁、动铁芯和工作气隙组成磁路，并在工作气隙产生电磁吸力。当励磁电流上升到某一值时，电磁吸力矩将克服动簧的反力矩使动铁芯转动，带动推动卡推动动簧，实现触点闭合；当励磁电流减小到一定值时，动簧反力矩大于电磁吸力矩，动铁芯回到初始状态，触点断开。

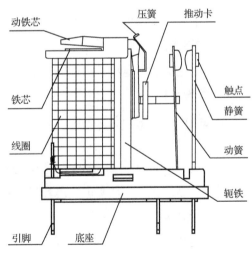

图 7.6　通用电磁式继电器的结构

在电子产品设计中常用到固态继电器。固态继电器（Solid State Relays，SSR）是一种全部由固态电子元件组成的新型无触点开关器件，它利用电子元件（如开关晶体管、双向晶闸管等半导体器件）的开关特性，可实现无触点、无火花地接通和断开电路，因此又被称为"无触点开关"。固态继电器是一种四端有源器件，其中两个端子为输入控制端，另外两端为输出受控端。它既有放大驱动的作用，又有隔离作用，很适合驱动大功率开关式执行机构。与电磁继电器相比较，它的可靠性更高，且无触点、寿命长、速度快，对外界的干扰也小，已得到广泛的应用。

电磁继电器与相应固态继电器的区别如下。

（1）结构的区别：电磁继电器是利用输入电路内电路在电磁铁铁芯与动铁芯间产生的

吸力作用而工作的，固态继电器使用电子元件执行其功能而无机械运动构件，输入和输出是隔离的。

（2）工作方式的区别：电磁继电器是利用电磁感应原理，通过电磁铁的力量来控制电路通断的，因此，使用直流电输入继电器线圈，触点可以控制输出交、直流电；固态继电器依靠半导体和电子元件的电、磁和光特性来完成其隔离和继电切换功能，因此，分直流输入-交流输出型、直流输入-直流输出型、交流输入-交流输出型、交流输入-直流输出型。

（3）工作状态的区别：电磁继电器利用电磁铁铁芯与动铁芯间产生的吸力作用导通、断开电路，因此，动作反应慢、有噪声、寿命有限；固态继电器的响应快，运行无噪声，寿命长。

（4）使用环境的区别：在温度、湿度、大气压力（海拔高度）、沙尘污染、化学气体和电磁干扰等要素影响中，电磁继电器普遍不如固态继电器要求高。

（5）电气性能的区别：电磁继电器与相应固态继电器相比，前者驱动简单，但功耗大，隔离好，短时过载耐受性好，但在控制大电流、大功率的场合就不如后者，且控制动作频繁的电路时，寿命不如后者长。

7.2.3 继电器的性能参数

1. 线圈额定电压

线圈额定电压是指继电器正常工作时需要在线圈上施加的标准工作电压。为了保证继电器的使用寿命，推荐使用额定电压。

2. 额定动作电流

线圈上施加额定电压时通过的电流值。

3. 额定消耗功率

向线圈施加额定电压时消耗的功率。额定消耗功率=额定电压×额定动作电流。

4. 线圈电阻

电磁继电器线圈的直流电阻值。

5. 吸合电压

吸合电压是指升高初始状态的继电器线圈的输入电压，使继电器吸合时的电压。对于磁保持继电器而言，把从复位状态转换到置位状态时的电压称为置位电压。

6. 释放电压

释放电压是指降低电磁继电器线圈的输入电压，使继电器变为初始状态时的电压。对于磁保持继电器而言，释放电压是指向复位线圈施加电压而返回复位状态时的电压。

7. 额定控制容量

额定控制容量是决定通断性能的基准值，用触点电压与触点电流的组合表示。

8. 触点最大允许电压

触点最大允许电压是指触点通断电压的最大值，使用时注意不要超过这个值。

9. 触点最大允许电流

触点最大允许电流是指触点通断电流的最大值。

10．触点最大允许功率

触点最大允许功率是指使用中可无障碍地通断负载容量的最大值。信号为 DC 时单位为 W，为 AC 时单位为 VA。

7.2.4　继电器的检测

1．触点电阻法

使用万用表的欧姆挡测量继电器的触点电阻。常闭继电器的触点电阻应该为零，常开继电器的触点电阻应该为无穷大。

2．线圈电阻法

使用万用表的欧姆挡测量继电器的线圈电阻。继电器的线圈电阻在几欧姆至几百欧姆之间为正常。若阻值为零，则线圈短路；若阻值为无穷大，则说明继电器的线圈内部断线。

7.3　干簧管基础

干簧管是干式舌簧管的简称，也称为磁簧开关，其外壳一般是一根密封的玻璃管，管中装有两个铁质的弹性簧片电板，还灌有惰性气体。平时，常开型干簧管的玻璃管中的两个由特殊材料制成的簧片是分开的。当有磁性物质靠近玻璃管时，在磁场磁力线的作用下，管内的两个簧片被磁化而互相吸引接触，簧片就会吸合在一起，使所接的电路连通。当外磁力消失后，两个簧片由于本身的弹性而分开，所接的电路也就断开了。干簧管的外形如图 7.7 所示。

图 7.7　干簧管的外形

干簧管比一般机械开关的结构简单、体积小、速度高、便于控制、工作寿命长；而与电子开关相比，它有抗负载冲击能力强的特点，工作可靠性很高。因此，作为一种利用磁场信号来控制电路的开关器件，干簧管可以作为传感器用，用于计数、限位等（在安防系统中主要用于门磁、窗磁的制作）。在手机、程控交换机、复印机、洗衣机、电冰箱、照相机、消毒碗柜、门磁、电磁继电器、电子衡器、液位计、远传煤气表、远传水表、IC 卡煤气表、IC 卡水表、电子煤气表、电子水表中都得到很好的应用。在电子电路中，只要使用自动开关的地方，基本上都可以使用干簧管。

干簧管还被广泛用于各种通信设备中。在实际应用中，通常用永久磁铁控制这两个弹性簧片的接通与断开，所以又被称为"磁控管"。

7.3.1　干簧管的结构

与开关的接触类型相似，干簧管可分为 A 型（常开）、B 型（常闭）与 C 型（复合）三种不同的形式。

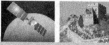

以 A 型和 C 型为例，干簧管在无磁场和有磁场时的状态如图 7.8 和图 7.9 所示。

A 型（常开）干簧管，当磁场存在时开关触点闭合。

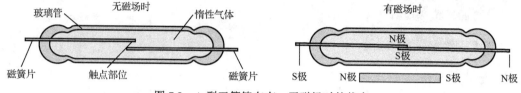

图 7.8　A 型干簧管在有、无磁场时的状态

C 型（复合，单极双投）干簧管，当施加磁场时，公用触点将从常闭触点转移至常开触点。

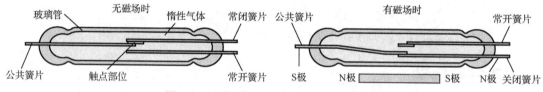

图 7.9　C 型干簧管在有、无磁场时的状态

7.3.2　干簧管的工作原理

干簧管的工作原理非常简单，将触点处重叠的、可磁化的两个弹性簧片密封于一个玻璃管中，这两个弹性簧片间的距离仅为几个微米，在尚未操作时，两个弹性簧片并未接触，外加磁场时使两个弹性簧片触点位置附近产生不同的极性，结果两个不同极性的簧片互相吸引并闭合。依此技术可制成体积非常小的切换开关。这种开关的切换速度非常快，具有非常优异的可靠性。由永久磁铁的方位和方向，确定干簧管何时打开和关闭以及次数。干簧管的工作原理示意如图 7.10 所示。这样

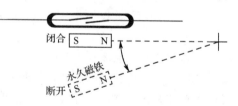

就形成一个转换开关：当永久磁铁靠近干簧管或绕在干簧管上的线圈通电形成的磁场使两个簧片磁化时，簧片的触点部分就会因磁力相互吸引，当吸引力大于簧片的弹力时，常开触点就会吸合；当磁力减小到一定程度时，触点被簧片的弹力打开。

图 7.10　干簧管的工作原理示意

7.3.3　干簧管的性能参数

1. 外形尺寸

ϕD 表示干簧管的直径，L 表示干簧管的长度。

2. 吸合安匝

安匝是磁动势的单位，安匝数等于干簧管线圈匝数与线圈通过的电流的乘积。安匝数越大，产生的磁场越强，吸合安匝是指使干簧管常开触点闭合所需要的安匝数。

3. 释放安匝

释放安匝是指使干簧管闭合的常开触点恢复常态的安匝数。

4. 动作时间（吸合时间）

动作时间是指从干簧管加额定值激励信号时起至触点达到工作状态时止所需要的时间。

5. 接触电阻

接触电阻是指从干簧管的引出端所测得的一对闭合簧片间的电阻值。

6. 触点负荷

触点负荷等于触点在切换负载时所能承受的最大电压与最大电流的乘积。它决定了继电器控制负载的能力大小，超过此值时会损坏触点。

7.3.4 干簧管的检测

以常开式两端干簧管为例，将万用表置于 $R×1\ \Omega$ 挡，万用表的两根表笔分别接干簧管的两根引线，此时电阻值应为无穷大。用一小块磁铁靠近干簧管，此时万用表的阻值应显示为 0，说明干簧管的两簧片已接通。当拿开磁铁后，万用表的显示应又回到无穷大。符合以上测试现象的干簧管是好的。如果将磁铁靠近干簧管时，万用表显示不为零；拿开磁铁时，万用表显示不是无穷大，这样的干簧管是不能使用的。

实训 17 光耦传输数字信号的测量

 扫一扫看光耦传输数字信号的测量微课视频

1. 实训目的

掌握光耦、继电器和蜂鸣器等的使用方法。

2. 实训电路

本实训项目的电路如图 7.11 所示。

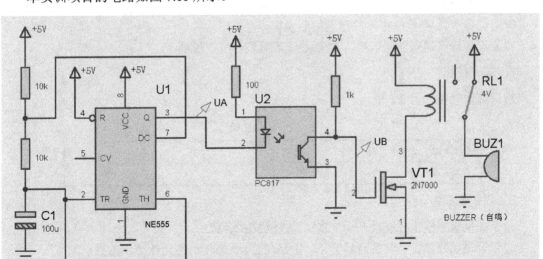

图 7.11 光耦传输数字信号的电路

3. 电路原理

由 NE555 集成电路 U_1、两个电阻及一个电容组成的多谐振荡器，产生周期为秒数量级的脉冲电压信号 U_A，光耦 PC817 的发射管就得到同频率的脉冲电流并发光，接收侧收到光脉冲后晶体管就会反复截止和饱和，得到同频率的脉冲电压信号 U_B，控制 MOS 管 2N7000 的栅极，此开关电流驱动继电器反复吸合而导致自鸣蜂鸣器间歇鸣叫。具体逻辑关系如下。

NE555 集成电路的引脚 3 如为高电平，则光耦的发射管无电流不发光，接收侧的晶体管无光截止，U_B 被上拉到+5 V，MOS 管 2N7000 导通，继电器线圈通电吸合，蜂鸣器断电不鸣叫。反之则相反。

4. 实训器材

所用实训器材有直流电源、万用表等，电路的元器件清单如表 7.1 所示。

表 7.1　元器件清单

序号	元器件名称	元器件型号或参数	备　注
1	电阻	10 kΩ 两只，1 kΩ、100 Ω 各 1 只	
2	电解电容	100 μF，1 只	
3	MOS 管	2N7000	
4	集成电路	NE555，1 只	
5	光耦	PC817，1 只	
6	继电器	线圈电压 5 V	
7	蜂鸣器	电压 5 V	自鸣

5. 软件仿真和调试

在用 Proteus 软件仿真调试时，可以使用通用的光耦代替 PC817，现象为继电器反复吸合带动蜂鸣器反复鸣叫。

6. 实训步骤

（1）按图 7.11 搭建电路，检查无误后通电。
（2）观察蜂鸣器鸣叫的情况，秒表测量其间歇一次的周期 T。

7. 实训数据

将实训数据写入表 7.2 中。

表 7.2　周期记录

仿真周期 T				
实测周期 T				

8. 问题与思考

（1）如果需要继电器驱动一个 LED，怎样修改电路？
（2）若遇到故障，如何通过检测 U_A 和 U_B 的大小来判断各元件的状态？
（3）光耦是否具备电气隔离作用？假如将图中光耦接收侧及右边的电源换成另外一套电源，电路是否能正常工作？

第8章

传感器

8.1 传感器的组成与分类

扫一扫看第 8 章传感器教学课件

广义的定义：传感器是一种能把物理量或化学量转换成便于利用的电信号的器件。

IEC 的定义：传感器是测量系统中的一种前置部件，它将输入变量转换成可供测量的信号。

国家标准《传感器通用术语》（GB/T 7665—2005）的定义：能感受被测量并按照一定的规律转换成可用输出信号的器件或装置，通常由敏感元件和转换元件组成。

传感器是一种检测装置，能感受到被测量的信息，并能将感受到的信息，按一定规律变换成为电信号或其他所需形式的信息输出，以满足信息的传输、处理、储存、显示、记录和控制等要求。

传感器一般由敏感元件、转换元件、变换电路和辅助电源四部分组成，如图 8.1 所示。

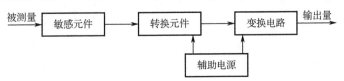

图 8.1 传感器的组成

传感器的种类很多，分类方法也较多，主要介绍以下几种。

1. 按输入量的不同分类

按输入量（即被测量对象）的不同，传感器可分为温度传感器、压力传感器、位移传感器、速度传感器、湿度传感器、光线传感器、气体传感器等。

这种分类方法的优点是明确说明了传感器的用途，容易根据测量对象来选择所需要的传感器；缺点是这种分类方法是将原理互不相同的传感器归为一类，很难找出每种传感器在转换机理上有何共性和差异，因此，对掌握传感器的一些基本原理及分析方法是不利的。

2. 按工作原理分类

按工作原理传感器可分为电阻式传感器、电容式传感器、电感式传感器、压电式传感器、电磁式传感器、磁阻式传感器、光电式传感器、压阻式传感器、热电式传感器等。

这种分类方法的优点是便于传感器专业工作者从原理与设计上进行归纳性的分析研究；缺点是用户选用传感器时会感到不够方便。

3. 按结构参数是否发生变化分类

按传感器的结构参数在信号转换过程中是否发生变化，传感器可分为以下两种。

（1）物性型传感器：在实现信号转换的过程中，传感器的结构参数基本不变，而是利用某些物质材料（敏感元件）本身的物理或化学性质的变化而实现信号转换的。这种传感器一般没有可动结构部分，易实现小型化，也被称为固态传感器。它是以半导体、电介质、铁电体等作为敏感材料的固态器件，如热电偶、压电石英晶体、热电阻及各种半导体传感器（如力敏、热敏、湿敏、气敏、光敏元件等）。

（2）结构型传感器：依靠传感器机械结构的几何形状或尺寸（即结构参数）的变化而将外界被测参数转换成相应的电阻、电感、电容等物理量的变化，实现信号转换，从而检测出被测信号，如电容式、电感式、应变片式、电位差计式传感器等。

4. 按传感器与被测对象是否接触分类

按传感器与被测对象是否接触，传感器可分为以下两种。

（1）接触式：接触式传感器的优点是传感器与被测对象视为一体，传感器的标定无须在使用现场进行；缺点是传感器与被测对象接触会对被测对象的状态或特性不可避免地产生或多或少的影响。

（2）非接触式：非接触式测量可以消除因传感器的介入而使被测量受到的影响，提高测量的准确性，同时，可使传感器的使用寿命增加。但是非接触式传感器的输出会受到被测对象与传感器之间介质或环境的影响，因此传感器的标定必须在使用现场进行。

8.2 温度传感器

温度传感器是指能感受温度并转换成可用输出信号的传感器，是温度检测和控制的重要器件。温度传感器是温度测量仪表的核心部分，品种繁多。按测量方式，温度传感器可分为接触式和非接触式两大类；按照传感器材料及电子元件特性，温度传感器可分为热敏电阻、热电阻、热电偶、IC 温度传感器等。下面主要介绍比较常用的热敏电阻和热电阻温度传感器。

8.2.1 热敏电阻温度传感器

1. 基本特征

由热敏电阻作为敏感元件的温度传感器称为热敏电阻温度传感器。热敏电阻温度传感器是一种新型的半导体测温元件，主要利用半导体电阻随着温度的变化而发生变化的特性研制而成。热敏电阻温度传感器的温度系数范围很宽，材料加工容易，性能好，可根据使用要求加工成各种形状,现在最小的珠形热敏电阻温度传感器的电阻直径仅为 0.2 mm;阻值可选择的范围较大,稳定性好。相比之下,热敏电阻温度传感器优于其他各种温度传感器。

2. 分类及外形

热敏电阻温度传感器按照温度系数可分为三类。

1)负温度系数(NTC)热敏电阻温度传感器
该类传感器的阻值随温度的升高而减小,外形如图 8.2 所示。

(a)直插式　　　　　　　　　　　　　　　　　(b)贴片式

图 8.2　NTC 热敏电阻温度传感器

2)正温度系数(PTC)热敏电阻温度传感器
该类传感器的阻值随温度的升高而增大,外形如图 8.3 所示。

3)临界温度系数热敏电阻(CTR)温度传感器
该类传感器具有负电阻突变特性,在某一温度下,电阻值随温度的增加急剧减小,具有很大的负温度系数。其构成材料是钒、钡、锶、磷等元素氧化物的混合烧结体,是半玻璃状的半导体,也称 CTR 传感器为玻璃态热敏电阻温度传感器,常应用于控温报警元件等场合。其外形如图 8.4 所示。

图 8.3　PTC 热敏电阻温度传感器　　　　图 8.4　玻璃态热敏电阻温度传感器(贴片式)

目前市场上常见的其他热敏电阻温度传感器如图 8.5 所示。

(a)带不锈钢外壳的防水 NTC 热敏电阻温度传感器　　　(b)带安装孔的热敏电阻温度传感器

图 8.5　常见的其他热敏电阻温度传感器

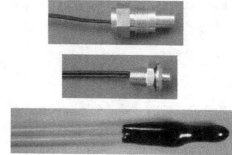

（c）珠形热敏电阻　　　　　　（d）非标热敏电阻温度传感器

图 8.5　常见的其他热敏电阻温度传感器（续）

3. 工作原理

以 NTC 热敏电阻温度传感器为例来说明其工作原理。它是一种负温度系数的热敏电阻温度传感器，以锰、钴、铁、镍和铜等金属氧化物中的 2～3 种材料，采用陶瓷工艺制造混合烧结而成。这些金属氧化物材料都具有半导体性质，在导电方式上完全类似锗、硅等半导体材料。在温度较低时，这些氧化物材料的载流子（电子和空穴）数目较少，所以其电阻值较高；随着温度的升高、载流子数目的增大，其电阻值减小。NTC 和 PTC 热敏电阻温度传感器、CTR 温度传感器的阻值和温度曲线分别如图 8.6 中的曲线 1、2、3 所示。

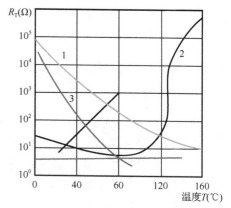

图 8.6　热敏电阻温度传感器的阻值和温度曲线

4. 热敏电阻温度传感器的性能参数

1）标称阻值 R_c

标称阻值一般是指环境温度为 25 ℃时热敏电阻温度传感器的实际电阻值。

2）实际阻值 R_T

实际阻值是指在一定的温度条件下所测得的电阻值。

3）材料常数 B

材料常数是一个描述热敏电阻材料物理特性的参数，也是热灵敏度指标。B 值越大，表示热敏电阻温度传感器的灵敏度越高。应该注意的是，在实际工作时，B 值并非一个常数，而是随温度的升高略有增大。

4）电阻温度系数 α_T

电阻温度系数表示温度变化 1 ℃时热敏电阻温度传感器的阻值变化率，单位为%/℃。

5）时间常数 τ

热敏电阻温度传感器是有热惯性的，时间常数就是一个描述热敏电阻温度传感器热惯性的参数。它的定义为，在无功耗的状态下，当环境温度由一个特定温度向另一个特定温度突然改变时，热敏电阻温度传感器的温度变化了前后两个特定温度之差的 63.2%所需要的时间。τ 越小，表明热敏电阻温度传感器的热惯性越小。

6）额定功率 P_M

额定功率是指在规定的技术条件下，热敏电阻温度传感器长期连续连接负载时所允许的耗散功率。在实际使用热敏电阻温度传感器时，不得超过其额定功率。若热敏电阻温度传感器工作的环境温度超过 25 ℃，则必须相应降低其负载量。

7）额定工作电流 I_M

额定工作电流是指热敏电阻温度传感器在工作状态下规定的名义电流值。

8）测量功率 P_c

测量功率是指在规定的环境温度下，热敏电阻温度传感器受测试电流加热而引起的阻值变化不超过 0.1%时所消耗的电功率。

9）最大电压

对于 NTC 热敏电阻温度传感器，是指在规定的环境温度下，不使热敏电阻温度传感器引起热失控所允许连续施加的最大直流电压；对于 PTC 热敏电阻温度传感器，是指在规定的环境温度和静止空气下，允许连续施加到热敏电阻温度传感器上并保证热敏电阻温度传感器正常工作在 PTC 特性部分的最大直流电压。

10）最高工作温度 T_{max}

最高工作温度是指在规定的技术条件下，热敏电阻温度传感器长期连续工作所允许的最高温度。

11）开关温度 t_b

开关温度是指 PTC 热敏电阻温度传感器的电阻值开始发生跃增时的温度。

12）耗散系数 H

耗散系数是指温度增加 1 ℃时，热敏电阻温度传感器所耗散的功率，单位为 mW/℃。

5. 热敏电阻温度传感器的检测

（1）检测 NTC 热敏电阻温度传感器时，由于不同的热敏电阻温度传感器在常温下阻值不同，可先将指针式万用表转换在 $R×1\ \mathrm{k\Omega}$ 挡，用两只表笔接触热敏电阻温度传感器的两个引脚，注意手不要接触热敏电阻温度传感器及引脚，以免影响检测结果。然后可用电烙铁对热敏电阻温度传感器加热，可见其阻值很快减小，此时可减小挡位测量。有条件时可降低 NTC 热敏电阻温度传感器的温度，测量其阻值应增大。一般正常的 NTC 热敏电阻温度传感器在常温下的阻值较大，在高温下的阻值会减小，低温时阻值会增大。

（2）检测 PTC 热敏电阻温度传感器时，由于不同的热敏电阻温度传感器在常温下阻值不同，可先将指针式万用表转换在 $R×10\ \mathrm{\Omega}$ 挡，用两只表笔接触热敏电阻温度传感器的两个引脚，注意手不要接触热敏电阻温度传感器及引脚，以免影响检测结果。然后可用电烙铁对热敏电阻温度传感器加热，可见其阻值很快增大，此时可转换挡位测量。一般正常的 PTC 热敏电阻温度传感器在常温下的阻值较小，在高温下的阻值较大。

8.2.2 热电阻温度传感器

热电阻温度传感器是利用导体或半导体的电阻随着温度变化而变化的原理进行温度测试的。应用较为广泛的热电阻材料为铂、铜、镍等。铂的性能较好，电阻温度系数大、线性好、性能稳定、测温范围为-200～+960 ℃。铜的价格低廉，但容易氧化，测温范围为-50～+150 ℃。随着科技的发展，热电阻温度传感器的测温范围也随着扩大，低温方面已成功地应用于 1～3 K（-272.15～-270.15 ℃）的温度测量中，高温方面也出现多种用于1000～1300 ℃的热电阻温度传感器。如图 8.7 所示为热电阻温度传感器。

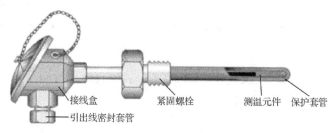

图 8.7　热电阻温度传感器

热电阻温度传感器中常见的为铂热电阻温度传感器和铜热电阻温度传感器。

（1）铂热电阻温度传感器：主要作为标准电阻温度计，广泛应用于温度基准的传递等。其优点是测量精度高，与热敏电阻温度传感器相比，它比较昂贵，但有较大的测量范围、易于使用在自动测量和远距离测量中；缺点是响应速度慢、容易破损、难测定狭窄空间的温度。其主要用于钢铁、石油化工、食品、冷冻冷藏等行业，其结构如图 8.8 所示。

图 8.8　铂热电阻温度传感器

（2）铜热电阻温度传感器：适用于测量精度要求不高且温度较低的场合，测量范围一般为-50～+150 ℃。其优点是在测温范围内线性关系好，灵敏度比铂热电阻温度传感器的高，容易加工，价格低廉，复制性好；缺点是易于氧化，一般用于 150 ℃以下、没有水分及无侵蚀性介质的空间温度测量中。与铂热电阻温度传感器相比，铜热电阻温度传感器的电阻率低，所以铜热电阻温度传感器的体积较大。铜热电阻温度传感器的结构如图 8.9 所示。

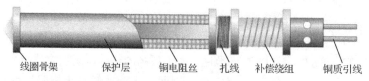

图 8.9　铜热电阻温度传感器

1. 热电阻温度传感器的工作原理

下面以 PT100 铂热电阻温度传感器为例来介绍热电阻温度传感器的工作原理。PT100

铂热电阻温度传感器的测温探头部分采用抗震耐腐材质，可延长使用寿命；采用卡套螺纹固定形式，能调节插入传感器的深度；外加密封元件，加强了密封性，使测温空间的介质不易外泄；采用高精度铂热电阻元件，测量温度更加精确；其引线采用四芯金属屏蔽线，抗干扰性强。PT100 铂热电阻温度传感器如图 8.10 所示。

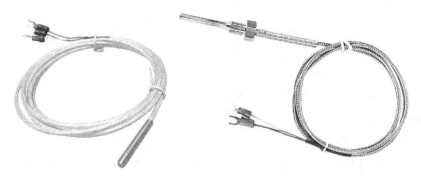

图 8.10　PT100 铂热电阻温度传感器

PT100 铂热电阻温度传感器的阻值与温度之间的关系如表 8.1 所示，关系曲线如图 8.11 所示。

表 8.1　PT100 铂热电阻温度传感器的阻值与温度之间的关系

温度（℃）	−50	−40	−30	−20	−10	0	10	20	30
电阻值（Ω）	80.31	84.27	88.22	92.16	96.09	100.00	103.90	107.79	111.67
温度（℃）	40	50	60	70	80	90	100	110	120
电阻值（Ω）	115.54	119.40	123.24	127.08	130.90	134.71	138.51	142.29	146.07
温度（℃）	130	140	150	160	170	180	190	200	……
电阻值（Ω）	149.83	153.58	157.33	161.05	164.77	168.48	172.17	175.86	……

由图 8.11 可知，PT100 铂热电阻温度传感器的阻值与温度之间的关系是非线性的：

$$R_t = R_0(1+\alpha t +\beta t^2) \quad (t \text{ 为 } 0\sim630 \text{ ℃之间的温度值})$$

式中：R_t——PT100 铂热电阻温度传感器的电阻值，Ω；

　　　R_0——PT100 铂热电阻温度传感器在 0 ℃时的电阻值，R_0=100 Ω；

　　　α——一阶温度系数，α=3.908×10^{-3}；

　　　β——二阶温度系数，β=5.802×10^{-7}。

在实际测温电路中，测量的是 PT100 铂电阻的电压量，因而需要由 PT100 铂热电阻温度传感器的电阻值推导出相应的电压值与温度之间的函数关系，即 $U_t =f(R_t)=f[f(t)]$。

2. PT100 铂热电阻温度传感器的三线式接法

PT100 铂热电阻温度传感器在 0 ℃时的电阻值为 100 Ω，电阻变化率为 0.385 1 Ω/℃。由于其电阻值小、灵敏度高，所以引出导线的阻值不能忽略不计，采用三线式接法可消除引出导线电阻带来的测量误差，如图 8.12 所示。工作原理如下：

当 $R_1×（R_x+r_2+r_3）= R_2×（R_{PT100}+r_2+r_1）$ 且温度为 0 ℃时，电桥平衡，U=0；当 R_{PT100} 随温度变化后，电桥不平衡，$U≠0$。

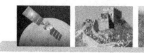

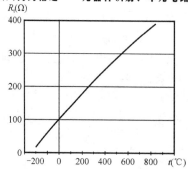

图 8.11　PT100 铂热电阻温度传感器的阻值与温度之间的关系曲线

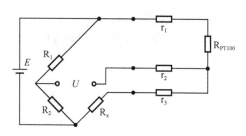

图 8.12　三线式接法电路

PT100 铂热电阻温度传感器测温探头的三根引出导线的截面面积和长度均相同（即 $r_1=r_2=r_3$），在测量温度时 PT100 铂热电阻温度传感器的电路在 0 ℃时为平衡电桥，在常温时是不平衡电桥。铂电阻（R_{PT100}）作为电桥的一个桥臂电阻，将一根引出导线（r_1）接到电桥的电源端，其余两根引出导线（r_2、r_3）分别接到铂电阻所在的桥臂及与其相邻的桥臂上，这时两桥臂都引入了相同阻值的引出导线电阻，引出导线电阻的变化对测量结果没有任何影响。

8.3　湿敏传感器

湿敏传感器是一种用于检测空气湿度的传感器，主要利用材料的电气性能或机械性能随湿度的变化而变化的原理制成。湿敏传感器由湿敏元件和转换电路等组成，利用物质的物理效应和化学效应对气体中的水分进行检测。随着社会对湿度检测和控制的要求不断增加，湿敏传感器在社会工业中占有重要的地位。

在实际中，对湿度进行检测较为困难：一是水蒸气含量要比空气少得多；二是湿敏材料容易因为接触水受到腐蚀和老化；三是湿度信息的传递必须靠水对湿敏器件的直接接触来完成，因此湿敏传感器只能直接暴露于待测环境中，不能密封。

基于上述原因，湿敏传感器应在各种气体环境中的稳定性好、响应时间短、寿命长、互换性好、耐污染和受温度影响小等。微型化、集成化及低价格是湿敏传感器的发展方向。

湿敏传感器主要有湿敏电阻和湿敏电容两大类。

8.3.1　湿敏电阻

湿敏电阻的特点是在基片上覆盖一层用感湿材料制成的膜，当空气中的水蒸气吸附在感湿膜上时，湿敏电阻的电阻率和电阻值都会发生变化，利用这一特性即可测量湿度。湿敏电阻的种类很多，如金属氧化物湿敏电阻、硅湿敏电阻、陶瓷湿敏电阻等。湿敏电阻的优点是灵敏度高，主要缺点是线性度和互换性差。工业上常用的湿敏电阻主要有氯化锂湿敏电阻、半导体陶瓷湿敏电阻、有机高分子膜湿敏电阻等。

1．氯化锂湿敏电阻

氯化锂湿敏电阻利用吸湿性盐类潮解后离子的电导率发生变化而制成。其结构及外形如图 8.13 所示。

如图 8.14 所示为氯化锂湿敏电阻的湿度-电阻特性曲线。特性曲线表明：每种浓度的氯化锂湿敏电阻只能覆盖部分湿度区域，所以将多种浓度的湿敏电阻组合使用才能测量更大的湿度范围。

图 8.13　氯化锂湿敏电阻的结构及外形　　图 8.14　氯化锂湿敏电阻的湿度-电阻特性曲线

氯化锂湿敏电阻的优点是滞后小，不受测试环境风速的影响，检测精度高达±5%；缺点是其耐热性差，重复性不理想，使用寿命短。

2. 半导体陶瓷湿敏电阻

半导体陶瓷湿敏电阻通常使用两种以上的金属氧化物半导体材料混合烧结从而制成多孔陶瓷。这些材料有 $ZnO-LiO_2-V_2O_5$ 系、$Si-Na_2O-V_2O_5$ 系、$TiO_2-MgO-Cr_2O_3$ 系和 Fe_3O_4 系等，采用前三种材料时电阻率随湿度的增加而减小，故称为负特性湿敏半导体陶瓷电阻；采用最后一种材料时电阻率随湿度的增加而增大，故称为正特性半导体陶瓷湿敏电阻。

以 $MgCr_2O_4-TiO_2$ 湿敏电阻为例：采用氧化镁复合氧化物二氧化钛湿敏材料通常制成多孔陶瓷湿敏电阻，它是负特性半导体陶瓷湿敏电阻。$MgCr_2O_4$ 为 P 型半导体材料，它的电阻率低、阻值温度特性好。用该复合材料制成的湿度传感器的结构如图 8.15 所示，其相对湿度和电阻的关系如图 8.16 所示。

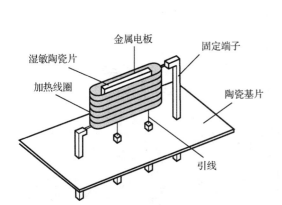

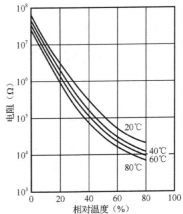

图 8.15　$MgCr_2O_4-TiO_2$ 陶瓷湿度传感器的结构　　图 8.16　$MgCr_2O_4-TiO_2$ 陶瓷湿度传感器相对湿度与电阻的关系

3. 湿度传感器的性能参数

以某厂家生产的 CHR-01 型高分子湿敏电阻湿度传感器为例说明如下。

（1）工作电压：AC 1 V（50 Hz～2 kHz）。

（2）最大耗电电流：2 mA。

（3）使用温度范围：0～60 ℃。

（4）湿度检测范围：20%～90%，RH。

（5）储存温度范围：10～40 ℃。

（6）储存湿度范围：20%～60%，RH。

（7）湿度检测精度：±5%，RH（温度 25 ℃）。

8.3.2 湿敏电容

湿敏电容一般是使用高分子薄膜电容制成的。常用的高分子材料有聚苯乙烯、聚酰亚胺、酪酸醋酸纤维等。当环境湿度发生改变时，湿敏电容的介电常数发生变化，使其电容值也发生变化，其电容值的变化与相对湿度成正比。

湿敏电容的主要优点是灵敏度高、互换性好、响应速度快、滞后量小、便于制造、容易实现小型化和集成化，但其精度一般比湿敏电阻要低一些。

以 HS1101 型湿度传感器为例，外形如图 8.17 所示，其湿度与电容特性曲线如图 8.18 所示。其测量范围是（1%～99%）RH，在 53%RH 时的电容值为 180 pF（典型值）。当相对湿度从 0%变化到 100%时，电容值的变化范围是 163～202 pF。温度系数为 0.04 pF/℃，湿度滞后量为±1.5%，响应时间为 5 s。

图 8.17　HS1101 型湿度传感器

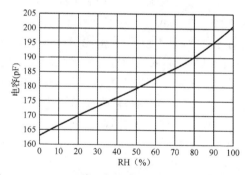

图 8.18　HS1101 型湿度传感器的湿度与电容特性曲线

实用电路 8　湿度传感器应用电路

如图 8.19 所示电路的工作原理：HS1101 型湿度传感器是一种基于电容原理的湿度传感器，相对湿度的变化和电容值大致呈线性规律。在自动测试系统中，电容值随着空气湿度的变化而变化，因此将电容值的变化转换成电压或频率的变化，才能进行有效的数据采集。使用 TLC555 集成电路组成振荡电路，HS1101 型湿度传感器充当振荡电容，从而完成湿度到频率的转换。

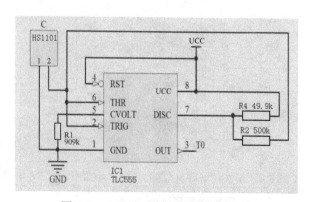

图 8.19　HS1101 湿度传感器应用电路

HS1101 型湿度传感器采用侧面开放式封装，只有两个引脚；有线性电压输出和线性频率输出两种形式；在使用时，将 2 脚接地，这里选用频率输出形式。因为该传感器由电容构成，不允许用直流供电。

测量湿度的电路利用一块集成电路 TLC555，配上 HS1101 型湿度传感器和电阻 R_2、R_4 构成，将相对湿度值变化转换成频率信号输出。输出频率范围是 7351～6033 Hz，所对应的相对湿度为 0%～100%。当 RH=55% 时，f=6660 Hz。输出的频率信号可送至频率计或控制系统，经处理后送显示电路。通电后，电流沿着 U_{CC}→R_4→R_2→C（对 HS1101 充电）。经过 t_1 时间后，湿度传感器中电容 C 的电压 U_c 就被充电到 TLC555 的高触发电平（$0.67U_{CC}$），使内部比较器翻转，OUT 端的输出变成低电平。然后 C 开始放电，放电回路为 C→R_2→DISC 引脚→内部放电管→地。经过 t_2 时间后，U_c 降到低触发电平（$0.33U_{CC}$），内部比较器再次翻转，使 OUT 端的输出变成高电平。这样周而复始地进行充、放电，形成了振荡。充、放电时间的计算公式分别为：

$$t_1=C(R_2+R_4)\ln2$$
$$t_2=CR_2\ln2$$

输出波形的频率 f 和占空比 D 的计算公式如下：

$$f=\frac{1}{T}=\frac{1}{(t_1+t_2)}=\frac{1}{C(2R_2+R_4)\ln2}$$

$$D=\frac{t_1}{T}=\frac{t_1}{(t_1+t_2)}$$

湿度传感器只是测量传感探头附近的湿度，在实际使用中，综合测量精度除了与湿度传感器本身的元件有关，还与外围电路的元件有关。为了与 HS1101 型温度传感器的温度系数相匹配，R_1 应取 1% 的精度，且最大温漂不超过 100 ppm（ppm 表示百万分之一，此处数值表示当温度变化 1 ℃时最大的电阻值相对变化量）。

软件设计功能：软件设计主要完成对 HS1101 在单位时间内的频率测量。软件设计采用端口扫描方式，间隔 8 s 后开始测量，测量时间为 1 s。统计单位时间内脉冲的个数，与湿度表对照后确定湿度值的范围，并将湿度值通过显示屏显示出来。为了保证测量精度，可以取 3 次以上的测量数据，求平均值后，作为最终显示数据。

8.4　气敏传感器

气敏传感器是一种能把某种被检测气体的浓度和成分等参数转化为电阻、电流、电压信号的传感器，可以用来检测一氧化碳气体、瓦斯气体、煤气、氟利昂气体、乙醇气体、人体口腔气体等。气敏传感器对环境保护和安全监督方面起着很重要的作用。

气敏传感器是暴露在各种成分的气体中使用的，由于检测现场温度、湿度的变化很大，又可能存在大量粉尘、油雾等，而且气体与敏感元件的材料会产生化学反应，往往会使其性能变差，所以要求气敏传感器能长期稳定地工作、重复性好、响应速度快、反应产生的物质影响小等。

8.4.1　气敏传感器的结构

常见气敏传感器外形与内部结构如图 8.20 所示。

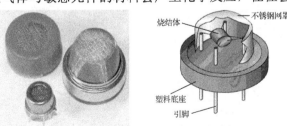

图 8.20　常见气敏传感器的外形与内部结构

8.4.2 气敏传感器的工作原理

由于气体的种类繁多，性质也各不相同，不可能用一种传感器检测所有类别的气体，目前使用最多的气敏传感器元件是气敏电阻。气敏电阻一般是用 SnO_2、ZnO 等金属氧化物半导体材料添加少量催化剂和添加剂，按比例烧结后制成的。

常用的气敏传感器为 MQ 系列气敏传感器，下面重点介绍 MQ 系列气敏传感器，不同系列的传感器对不同气体的敏感度不同。MQ 系列气敏传感器的适用气体如表 8.2 所示。

表 8.2　MQ 系列气敏传感器的适用气体

型号	浓度范围（ppm）	适用气体
MQ-2	300～1 000	正丁烷、丙烷、烟雾、氢气、液化石油气
MQ-3	50～2 000	酒精
MQ-4	1 000～20 000	甲烷、天然气
MQ-5	800～5 000	氢气、煤气
MQ-6	300～10 000	液化石油气
MQ-7	30～1 000	一氧化碳、氢气

金属氧化物半导体材料在空气中被加热到一定温度时，氧原子被吸附在带负电荷的半导体材料表面，半导体材料表面的电子会被转移到吸附的氧原子上，氧原子就变成了负氧离子，同时在半导体材料表面形成一个正的空间电荷区，导致材料表面的势垒升高，从而阻碍电子流动，使传感器的阻值增大。当传感器遇到还原气体时，负氧离子因与还原气体发生氧化还原反应而导致其表面浓度降低，势垒随之降低，导致传感器的阻值减小。

MQ 系列气敏传感器的结构如图 8.21 所示，由微型 AL203 陶瓷管、SN02 敏感层、测量电极和加热器构成的敏感电阻固定在塑料或不锈钢网的腔体内，加热器为气敏传感器的工作提供了必要条件。MQ 系列气敏传感器有六只针状引脚，其中四个引脚用于取出信号，两个引脚用于输入加热电流。

MQ 系列气敏传感器的性能如下。

（1）标准测试电路如图 8.22 所示，该电路由两部分组成，即加热回路和信号输出回路。信号输出回路可以准确地反映传感器表面电阻的变化。

（2）传感器的表面电阻 R_S 的变化，是通过与其串联的负载电阻 R_L 上的有效电压信号 U_{RL} 输出而获得的。二者之间的关系表述为 $R_S/R_L=(U_C-U_{RL})/U_{RL}$。

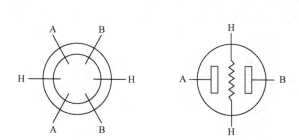

图 8.21　MQ 系列气敏传感器的结构

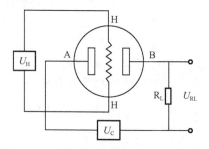

图 8.22　MQ 系列气敏传感器的标准测试电路

8.4.3　气敏传感器的使用条件

MQ 系列气敏传感器的标准工作条件和环境条件分别如表 8.3 和表 8.4 所示。

表 8.3　标准工作条件

符　号	参 数 名 称	技 术 条 件	备　　注
U_C	回路电压	≤15 V	AC or DC
U_H	加热电压	5.0 V±0.2 V	AC or DC
R_L	负载电阻	可调	0.5～200 kΩ
R_H	加热电阻	31 Ω±3 Ω	室温
P_H	加热功耗	≤900 mW	—

表 8.4　环境条件

符　号	参 数 名 称	技 术 条 件	备　　注
T_{ao}	使用温度	−20～50 ℃	
T_{as}	储存温度	−20～70 ℃	—
RH	相对湿度	小于 95%	
O_2	氧气浓度	21%（标准条件），氧气浓度会影响灵敏度特性	最小值大于 2%

8.5　磁敏传感器

　　磁敏传感器是利用半导体磁敏元件对磁场敏感的特性来实现磁电测量的。利用磁场可以检测很多的物理量，如位移、振动、力、转速、加速度、流量、电流、电功率等。这类传感器不仅可以实现非接触测量，而且不从磁场中获取能量。如表 8.5 所示为目前主要的磁敏传感器。

表 8.5　主要的磁敏传感器

名　　称	工 作 原 理	工 作 范 围	检 测 内 容
霍尔传感器	霍尔效应	10^{-3}～10 T	磁场、位置、速度、电流、电压
半导体磁敏电阻传感器	磁敏电阻效应	10^{-3}～1 T	角位移
磁敏二极管传感器	复合电流的磁场调制	10^{-6}～10 T	位置、速度、电流、电压
磁敏晶体管传感器	集电极或发射极电流的磁场调制	10^{-6}～10 T	位置、速度、电流、电压
金属膜磁敏电阻传感器	磁敏电阻的各向异性	10^{-3}～10^{-2} T	旋转编码器、速度
巨磁阻传感器	巨磁电阻效应	10^{-10}～10^{-4} T	角位移、线位移、大电流
磁电感应传感器	法拉第电磁感应效应	10^{-3}～100 T	磁场、位置、速度

　　磁敏传感器的应用范围日益扩大，按其结构主要分为体型和结型两大类。前者的代表有霍尔传感器，后者的代表有磁敏二极管、磁敏晶体管传感器等。它们都是利用半导体材

料内部的载流子随磁场改变运动方向这一特性制成的。下面重点介绍霍尔传感器。

8.5.1 霍尔传感器的工作原理

霍尔传感器是根据霍尔效应制作的一种磁场传感器，广泛地应用于工业自动化技术、检测技术及信息处理等方面。霍尔效应是研究半导体材料性能的基本方法。通过霍尔效应实验测定的霍尔系数，能够判断半导体材料的导电类型、载流子浓度及载流子迁移率等重要参数。

霍尔传感器主要有两大类，一类为开关型传感器，另一类为线性型霍尔传感器。从霍尔传感器的结构形式及用量方面来说，前者都大于后者。霍尔传感器的响应速度大约在 1 μs 数量级。

霍尔效应是一种磁电效应，这一现象是霍尔于 1879 年在研究金属的导电机理时发现的。后来发现半导体等材料也有这种效应，而半导体材料的霍尔效应比金属的明显得多，可利用这种现象制成各种霍尔元件。

置于磁场中的静止载流导体或半导体，当它的电流方向和磁场方向不一致时，在载流导体或半导体的垂直于电流和磁场方向的两个面之间会产生电动势，这种现象称为霍尔效应，如图 8.23 所示。该电动势称为霍尔电势，载流导体或半导体称为霍尔元件。霍尔效应是导体或半导体中的载流子在磁场中受洛伦兹力作用发生横向漂移的结果。

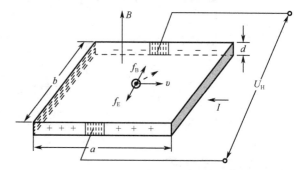

图 8.23　霍尔效应原理图

在与磁场垂直的半导体薄片上通电流 I，假设载流子为电子（N 型半导体材料），它沿与电流 I 相反的方向运动。由于洛伦兹力 f_B 的作用，电子将向一侧偏转（如虚线箭头方向），并使该侧形成电子积累。而另一侧形成正电荷积累，元件的横向形成电场。该电场阻止电子继续向侧面偏移，当电子所受到的电场力 f_E 与洛伦兹力 f_B 相等时，电子积累达到动态平衡。这时，在两端横面之间建立的电场称为霍尔电场 E_H，相应的电势称为霍尔电势 U_H。

$$U_H = K_H IB$$

K_H 称为元件的灵敏度，它表示霍尔元件在单位磁感应强度和单位激励电流的作用下霍尔电势的大小，其单位为 mV/mA·T；B 为磁场的磁感应强度；I 为激励电流。

上式说明：①金属的电子浓度很高，但金属霍尔元件的灵敏度很小，因此金属不适宜制作霍尔元件；②元件的厚度 d 越小，灵敏度越高，因而制作霍尔元件时可采用减小 d 的方法来提高灵敏度。但不是 d 越小越好，这会导致元件的输入和输出电阻的增加。

根据霍尔效应，人们用半导体材料制成的元件称为霍尔元件，常见霍尔元件的外形和图形符号如图 8.24 和图 8.25 所示。它具有对磁场敏感、结构简单、体积小、频率响应宽、输出电压变化大、使用寿命长等优点，因此在测量、自动控制、计算机和信息技术等领域得到广泛的应用。

霍尔元件属于四端元件，其中一对（即 2、4 端）称为激励电流端，另外一对（即 1、3端）称为霍尔电势输出端，1、3 端一般应处于元件侧面的中点。

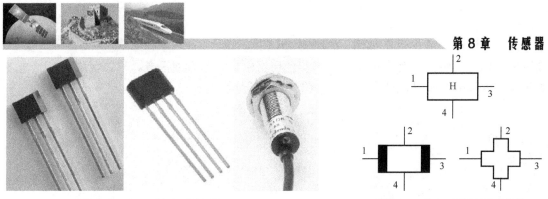

图 8.24　常见霍尔元件的外形　　　　图 8.25　霍尔元件的图形符号

目前常用的霍尔元件材料是 N 型硅，霍尔元件的壳体可采用塑料、环氧树脂等。利用霍尔元件制作出的霍尔传感器如图 8.26 所示。

（a）霍尔角度传感器　　　　　　　　　（b）线性霍尔集成电路传感器

图 8.26　霍尔传感器

8.5.2　霍尔集成电路传感器

霍尔集成电路传感器具有体积小、灵敏度高、输出幅度大、温漂小、对电源稳定性要求低等特点。霍尔集成电路传感器可分为线性型和开关型两大类。

线性型霍尔集成电路传感器：将霍尔元件、恒流源、线性差动放大器等电路制作在同一个芯片上，输出电压为伏数量级，比直接使用霍尔传感器方便很多。线性型霍尔集成电路传感器的内部电路如图 8.27 所示，其输出特性曲线示例如图 8.28 所示。

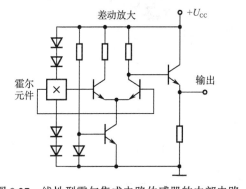
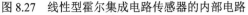

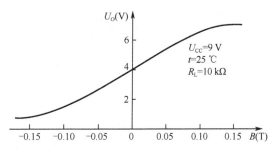

图 8.27　线性型霍尔集成电路传感器的内部电路　　图 8.28　线性型霍尔集成电路传感器的输出特性曲线

开关型霍尔集成电路传感器：将霍尔元件、稳压电路、放大器、施密特触发器、OC 门（集电极开路输出门）等电路制作在同一个芯片上。当外加磁场强度超过规定的工作点时，OC 门由高阻态变为导通状态，输出变为低电平；当外加磁场强度低于释放点时，OC 门重

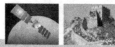

新变为高阻态，输出变为高电平，比直接使用霍尔传感器方便很多。开关型霍尔集成电路传感器的内部电路如图 8.29 所示，其输出特性曲线如图 8.30 所示。

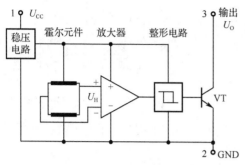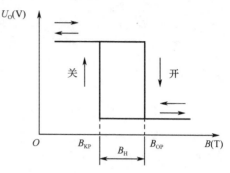

图 8.29　开关型霍尔集成电路传感器的内部电路　　图 8.30　开关型霍尔集成电路传感器的输出特性曲线

实训 18　热敏电阻温度控制电路的搭建

扫一扫看热敏电阻温度控制电路微课视频

1. 实训目的

利用 NTC 热敏电阻和运放电路，搭建一个温度控制电路，要求温度在 33～50 ℃时不亮灯，超出范围时亮红灯。

2. 实训电路

本实训项目的电路如图 8.30 所示。

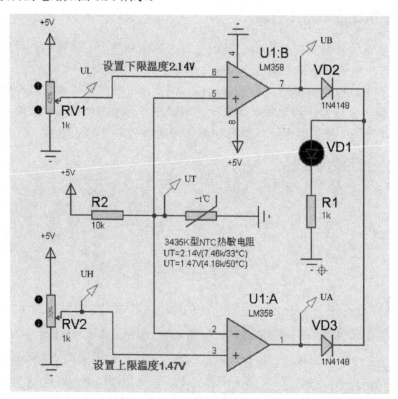

图 8.31　热敏电阻温度控制电路

3. 电路原理

本电路实现的功能为当温度超出上限温度和下限温度时发光二极管 VD1 发光告警。具体原理如下：3435K 型 NTC 热敏电阻和 10 kΩ电阻组成串联分压电路，当气温为 33 ℃时分压为 2.14 V，当气温为 50 ℃时分压为 1.47 V，电位器 R_{V1} 和 R_{V2} 分别提供 2.14 V 和 1.47 V 的电位电压，运放 LM358 组成比较器，当+端电压大于−端电压时输出+5 V，反之输出 0 V；两个 1N4148 二极管的作用是形成或门，只要有一个运放输出高电平则发光二极管 VD₁ 都亮。具体的电路情况如表 8.6 所示。

表 8.6　具体的电路情况

温度（℃）	<33	33	33～50	50	>50
热敏电阻值（kΩ）	>7.46	7.46	7.46～4.16	4.16	<4.16
U_T(V)	>2.14	2.14	2.14～1.47	1.47	<1.47
运放输出的情况	U_B=5 V，U_A=0 V		U_B=0 V，U_A=0 V		U_B=0 V，U_A=5 V
VD₂ 和 VD₃ 的状况	VD₂ 导通，VD₃ 截止		VD₂ 截止，VD₃ 截止		VD₂ 截止，VD₃ 导通
发光二极管 VD₁	亮（低温告警）		灭（温度合适）		亮（高温告警）

4. 实训器材

所用实训器材有直流电源、万用表等，电路的元器件清单如表 8.7 所示。

表 8.7　元器件清单

序号	元器件名称	元器件型号或参数	备　注
1	电阻	1 kΩ、10 kΩ，各 1 只	
2	可调电阻	1 kΩ，2 只	
3	二极管	1N4148，2 只	
4	发光二极管	1 只	
5	集成电路	LM358，2 块	
6	热敏电阻	3435K 型，1 只	25 ℃时为 10 kΩ

5. 软件仿真和调试

用 Proteus 软件仿真调试时，可以使用普通电阻代替热敏电阻，通过改变阻值来代替改变温度。

6. 实训调试步骤

（1）先按图 8.31 搭建电路，检查无误后加电。

（2）根据分压计算结果，分别调节两个电位器 R_{V1} 和 R_{V2} 使输出电压分别对应气温在 33 ℃和 55 ℃时的计算结果。

（3）在室温下，发光二极管亮，表示温度低于下限温度 33 ℃时发光二极管应亮，表示低温告警。若室温高于下限温度 33 ℃时，则可以借助空调降温直到发光二极管亮。

（4）使用电烙铁缓慢靠近 NTC 热敏电阻，发光二极管由亮转暗，继续加热又由暗转亮，表示温度超过上限温度 50 ℃时高温告警。

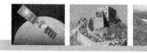

7．问题与思考

（1）各元件的作用是什么？

（2）若要将告警温度范围修改成其他范围，应该如何处理？

（3）若要修改成温度在 33～50 ℃范围时发光二极管亮绿灯，应如何修改电路？

第 *9* 章

传声器和扬声器

9.1 传声器

扫一扫看第 9 章传声器和扬声器教学课件

传声器俗称话筒、麦克风，是电声设备中的第一个环节，作用极为重要。传声器是把声能转变为机械能，然后把机械能转变为电能的换能器。目前，利用各种换能原理制成了各式各样的传声器，录音时常用的有电容传声器、动圈传声器、铝带传声器等。

9.1.1 传声器的种类

传声器常按照以下方法进行分类。

1. 按换能原理分类

按换能原理，传声器可分为电动式传声器、电容式传声器、电磁式传声器、压电式传声器、半导体式传声器。

2. 按接收声波的方向性分类

按接收声波的方向性，传声器可分为无指向性传声器和有方向性传声器两种，其中有方向性传声器包括心形指向性、强指向性、双指向性等类别。

3. 按用途分类

按用途，传声器可分为立体声传声器、近讲传声器、无线传声器等。

下面介绍几种常见的传声器。

9.1.2 动圈传声器

1. 外形

动圈传声器是一种最常用的传声器，其外形及麦克风芯如图 9.1 所示。它的结构如图 9.2 所示，主要由振膜、音圈、永久磁铁等组成。

图 9.1 动圈传声器及其麦克风芯

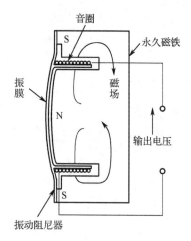

图 9.2 动圈传声器的结构

2. 工作原理

动圈传声器有一个粘贴在振膜上并悬于环形磁铁缝隙之间的线圈，如图 9.2 所示。声波振动振膜，使线圈在磁场中运动，从而感应出电压。这个线圈通常称为音圈，其阻值很低，一般为 $30 \sim 50\,\Omega$。有的动圈传声器体内还装有一个变压器，以使音圈与放大器输入电路的阻抗相匹配，同时也起到使信号电压升高的作用。

动圈传声器的结构简单、性能稳定可靠、使用方便、固有噪声小，被广泛用于语言广播和扩声系统中；缺点是灵敏度较低、频率范围窄。近几年已有专用动圈传声器，其特性和技术指标都较好。

3. 主要技术特性

（1）频率特性：传声器在受声波作用时，对各个频率不同的信号所产生的灵敏度是不同的，这种灵敏度随频率变化的特性，称为传声器的频率特性。

（2）灵敏度：指传声器的输出电压与作用于该传声器上的声压之比，以伏每帕（V/Pa）或毫伏每帕（mV/Pa）为单位。

（3）指向特性：传声器的灵敏度随声波入射方向的不同而有不同的特性。

（4）阻抗特性：当传声器作为信号源输出信号时，传声器的输出阻抗（即传声器的源阻抗）有高阻抗和低阻抗之分。低阻抗传声器的抗干扰能力强，高频衰减小，且不明显，同时，允许使用较长的线缆。

（5）信噪比：即传声器信号电压与本身产生的噪声电压之比。信噪比越大，传声器的灵敏度越高，性能越好；反之亦然。

（6）最大声压级：传声器在一定的声压级作用下，其谐波失真限制在一规定值（如 1%

或 3%），此声压级即为该传声器的最大声压级。

9.1.3　电容传声器

1. 外形

电容传声器主要由振膜、电极板、电源和负载电阻等组成，其外形及麦克风芯如图 9.3 所示。电容传声器的结构如图 9.4 所示。

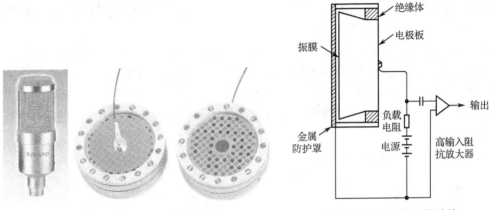

图 9.3　电容传声器及其麦克风芯　　　　图 9.4　电容传声器的结构

2. 工作原理

电容传声器的工作原理是当振膜受到声波的压力并随着压力的大小和频率的不同而振动时，振膜电极板之间的电容量就发生变化。与此同时，极头两端的电压随着发生变化，于是负载电阻两端的输出电压也就跟着发生变化，从而完成了声电转换。

电容传声器的频率范围宽、灵敏度高、失真小、音质好，但其结构复杂、成本高，多用于高质量的广播、录音、扩音中。

9.1.4　驻极体电容传声器

1. 外形

驻极体电容传声器与电容传声器的工作原理基本相同，所不同的是它采用一种聚四氟乙烯材料作为振膜。这种材料经特殊处理后，表面被永久地驻有极化电荷，从而取代了电容传声器的电极板，故称为驻极体电容传声器。其特点是体积小、性能优越、使用方便，被广泛地应用在手机等产品中。其外形如图 9.5 所示。

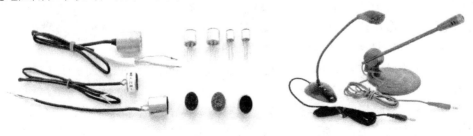

图 9.5　驻极体电容传声器

2. 工作原理

驻极体电容传声器的内部结构如图9.6（a）所示，它主要由声电转换和阻抗变换两部分组成。声电转换的关键元件是驻极体振膜，它以一片极薄的塑料膜片作为基片，在其中一面蒸发上一层纯金属薄膜，然后经过高压电场"驻极"处理后，在两面形成可长期保持的异性电荷——"驻极体"（也称为"永久电荷体"）。

驻极体振膜的金属薄膜面向外（正对音孔），并与传声器金属外壳相连；另一面靠近带有气孔的金属极板，其间用很薄的塑料垫圈隔离开。这样，驻极体振膜与金属极板之间就形成了一个本身具有静电场的电容。

驻极体电容传声器实际上是一种特殊的、无须外接极化电压的电容式传声器。金属极板与专用场效应晶体管的栅极 G 相接，场效应晶体管的源极 S 和漏极 D 作为传声器的引出电极。这样，加上金属外壳，驻极体传声器一共有三个引出电极，其内部电路如图 9.6（b）所示。如果将场效应晶体管的源极 S（或漏极 D）与金属外壳接通，就使传声器只剩下两个引出电极。

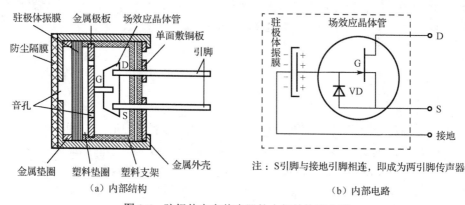

（a）内部结构　　　　　　　　　　（b）内部电路

注：S引脚与接地引脚相连，即成为两引脚传声器

图 9.6　驻极体电容传声器的内部结构和电路

9.1.5　无线传声器

无线传声器的体积小、使用方便、音质良好，传声器与扩音机之间无连线，移动自如，且发射功率小，因此在教室、舞台、电视摄制等方面得到了广泛的应用，如图 9.7 所示。

无线传声器实际上是一种小型的扩声系统。它由一台微型发射机组成，发射机又由微型驻极体电容传声器、调频电路和电源三部分组成。无线传声器采用了调频方式调制信号，调制后的信号经传声器的短天线发射出去，其发射频率的范围在国家规定的 100～120 MHz 之间，每隔 2 MHz 为一个频道，避免互相干扰。

图 9.7　无线传声器

无线传声器与接收机的频率应一一对应，配套使用，不得张冠李戴，出现差错。接收机是专用调频接收机，但是一般的调频收音机只要使其调谐频率调节在无线传声器发射的频率上，同样能收听到无线传声器发出的声音。

9.1.6　传声器的主要技术指标

1. 指向性

传声器的指向性用于表示传声器捕获周围的全部声音或部分声音的能力，主要有以下几种。

（1）无指向性，能够捕获来自空间的全部声音。

（2）心形指向性，只能接收来自传声器正前方的声音，对于侧面的声音响应不足，后面的声音则完全不响应，适合用于录音。

（3）8 字形指向性，能同时响应来自传声器前方和后方的声音，具有不错的立体感效果，适合于新闻采访。

2. 阻抗

阻抗对电路中的交流电起阻碍作用，是设备之间相互匹配、发挥效能的重要指标。阻抗匹配反映了输入电路与输出电路之间的效率传输关系。当电路实现阻抗匹配时，将获得最大功率输出；反之得不到最大功率输出，还可能对电路产生损害。

传声器的输出阻抗大致分为两类：一类阻抗在 10 kΩ 以上，称为高阻抗；另一类阻抗在 1 kΩ 以下，称为低阻抗。高阻抗传声器的灵敏度高、输出电平高，但是抗干扰性能差；低阻抗传声器的灵敏度低，但音质好。随着放大器性能的提高，高阻抗传声器逐渐被低阻抗传声器所取代。动圈传声器的输出阻抗多为 600 Ω；电容传声器的输出阻抗一般为 200 Ω，且灵敏度高，其最佳负载阻抗一般为 1 kΩ，即连接 1 kΩ 以上的放大器时效果最佳。

3. 频率响应

当电路实现阻抗匹配时，将获得最大的功率输出。在同样的工作条件下，根据传声器对各种频率声音的输出电压，可绘制出频率响应曲线图，在理论上频率响应曲线越平坦越好。

4. 灵敏度

传声器的灵敏度是指传声器的拾音能力大小，不同灵敏度的传声器通常用于不同场合，灵敏度越高，拾音能力越强，但并不代表音效越好。灵敏度常以负数 dBm 表示，所以 -40 dBm 的灵敏度要比 -48 dBm 的灵敏度高。

5. 信噪比

信噪比是指有效信号与噪声之间的比值，用百分比表示。信噪比越高，说明因设备自身原因而造成的噪声越小，有效信号的质量越高。

6. 动态范围

动态范围是指当声音的增益发生瞬间突变，也就是当音量大小突然变动时，设备所能承受的最大变化范围。这个数值越大，表示动态范围越广，动态范围大的设备更具有情绪起伏的表现力。

传声器在室外使用时，应该使用防风罩，避免录进风的"噗噗"声。防风罩还能防止灰尘污染传声器。有些传声器（如驻极体电容传声器、无线传声器）是用电池供电的。如果电压下降后会使灵敏度降低，失真度增大。所以，当声音变差时，应检查一下电池的电压。在传声器不用时应关掉电源开关，长时间不用时应将电池取出。

9.2　扬声器

扬声器俗称喇叭，是一种常用的电声换能器件，在发声的电子电气设备中都能见到它，如图9.8所示。

扬声器分为内置扬声器和外置扬声器，而外置扬声器即一般所指的音箱。内置扬声器一般设在类似MP4的播放器内部，这样用户不仅可以通过耳机插孔还可以通过内置扬声器来收听播放器发出的声音。具有内置扬声器的播放器，可以不用外接音箱，避免了长时间戴耳机所带来的不便。

图 9.8　扬声器

9.2.1　扬声器的分类

扬声器的种类很多，常见的分类方法如下。

1. 按换能原理分类

按换能原理，扬声器可分为电动式（即动圈式）扬声器、静电式（即电容式）扬声器、电磁式（即舌簧式）扬声器、压电式（即晶体式）扬声器，后两种多用于农村有线广播网中。

2. 按频率范围分类

按频率范围，扬声器可分为低音扬声器、中音扬声器、高音扬声器，这些常在音箱中作为组合扬声器使用。

3. 按声辐射材料分类

按声辐射材料，扬声器可分为纸盆式扬声器、号筒式扬声器、膜片式扬声器。其中纸盆式扬声器分为圆形、椭圆形、双纸盆和橡皮折环扬声器。

4. 按音圈阻抗分类

按音圈阻抗，扬声器可分为低阻抗扬声器和高阻抗扬声器。

9.2.2　电动式扬声器的结构和工作原理

电动式扬声器的应用最为广泛，又可分为纸盆式扬声器、号筒式扬声器和球顶形扬声器三种。这里只介绍前两种。

1. 纸盆式扬声器

纸盆式扬声器又称为动圈式扬声器，如图9.9所示。它由三部分组成：①振动系统，包括锥形纸盆、音圈和定心支片等。②磁路系统，包括永久磁铁、导磁板和导磁柱等。③辅助系统，包括盆架、接线板、压边和防尘罩等。当处于磁场中的音圈有音频电流通过时，就产生随音频电流变化的磁场，这一磁场和永久磁铁的磁场发生相互作用，使音圈沿着轴

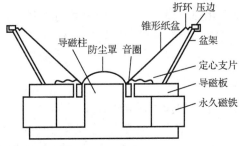

图 9.9　纸盆式扬声器

向振动。纸盒式扬声器的结构简单、低音丰满、音质柔和、频带宽，但效率较低。

2. 号筒式扬声器

号筒式扬声器由振动系统（高音头）和号筒两部分构成，如图 9.10 所示。振动系统与纸盆式扬声器相似，不同的是它的振膜为球顶形的。振膜的振动通过号筒（经过两次反射）向空气中辐射声波。它的频率高、音量大，常用于室外及广场扩声。

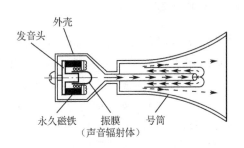

图 9.10　号筒式扬声器

9.2.3 扬声器的性能参数

扬声器的主要性能参数如下。

1. 额定功率

扬声器的功率有标称功率和最大功率。标称功率也称为额定功率、不失真功率。它是指扬声器在额定不失真范围内允许的最大输入功率，在扬声器的商标、技术说明书上标注的功率即为额定功率。最大功率是指扬声器在某一瞬间所能承受的峰值功率。为了保证扬声器工作的可靠性，要求扬声器的最大功率为标称功率的 2～3 倍。

2. 额定阻抗

扬声器的阻抗一般和频率有关。额定阻抗是指音频为 400 Hz 时，从扬声器输入端测得的阻抗。它一般是音圈直流电阻的 1.2～1.5 倍。一般动圈式扬声器常见的阻抗有 4 Ω、8 Ω、16 Ω、32 Ω 等。

3. 频率响应

给一只扬声器加上相同电压而不同频率的音频信号时，其产生的声压也不同。一般中音频时产生的声压较大，而低音频和高音频时产生的声压较小。这种输出声压随着信号频率变化而变化的规律，称为该扬声器的频率响应特性。理想的扬声器频率范围应为 20 Hz～20 kHz，这样就能把全部音频均匀地重放出来。实际上，每个扬声器只能较好地重放音频的某一部分。

4. 失真

扬声器不能把原来的声音逼真地重放出来的现象称为失真。失真有两种：频率失真和非线性失真。频率失真是由于扬声器对某些频率的信号放音较强，而对另一些频率的信号放音较弱造成的。失真破坏了原来高低音响度的比例，改变了原声音色。而非线性失真是由于扬声器振动系统的振动和信号的波动不够完全一致造成的，在输出的声波中增加一些新的频率成分。

5. 指向特性

指向特性用来表征扬声器在空间各方向辐射的声压分布特性，频率越高指向性越狭，纸盆越大指向性越强。

9.2.4 扬声器的使用

要根据使用场地和对声音的要求，结合扬声器的特点来选择扬声器。例如，室外以语音为主的广播，可选用电动式号筒扬声器，如要求音质较高，则应选用电动式扬声器音箱或音柱。室内的一般广播，可选用单只电动式纸盆扬声器制作的小音箱；如果以欣赏音乐为主或用于高质量的会场扩音，则应选用由高、低音扬声器组合制作的扬声器音箱等。

另外，使用扬声器时应注意以下几点。

（1）扬声器得到的功率不要超过它的额定功率，否则，将烧毁音圈或将音圈振散。电磁式和压电式扬声器的工作电压不要超过 30 V。

（2）注意扬声器的阻抗应与输出电路相匹配。

（3）在布置扬声器时，要做到声场均匀且有足够的声级，若单个（点）扬声器不能满足需要，可进行多点设置，使每位听众得到几乎相同的声音响度，提高声音的清晰度。

（4）要有好的方位感，会场扩音的扬声器在安装时应高于地面 3 m 以上，让听众能够"看"到扬声器，并尽量使水平方位的听觉（声源）与视觉（讲话者）要尽量一致，而且两个扬声器之间的距离也不能过大。

（5）电动号筒式扬声器，必须把发音头套在号筒上才能使用，否则很易损坏发音头。

（6）两个以上扬声器放在一起使用时，必须注意相位问题。如果是反相，声音将显著削弱。测定扬声器相位的最简单方法是利用万用表的 50～250 μA 电流挡，把万用表的表笔与扬声器的接线头相连接，双手扶住纸盆，用力推动一下，这时就可以从表针的摆动方向来测定它们的相位。若表针向一个方向摆动，则表示相位相同。

9.3 蜂鸣器

蜂鸣器是一种一体化结构的电子讯响器，采用直流电压供电，广泛应用于计算机、打印机、复印机、报警器、电子玩具、汽车电子设备、电话机、定时器等电子产品中作为发声器件。蜂鸣器主要分为压电式蜂鸣器和电磁式蜂鸣器两种类型。蜂鸣器在电路中用字母

H 或 HA 表示。

9.3.1　蜂鸣器的分类

1. 按驱动方式分类

按驱动方式，蜂鸣器可分为有源蜂鸣器（内含驱动线路，也称为自激式蜂鸣器，如图 9.12 所示）和无源蜂鸣器（外部驱动，也称为他激式蜂鸣器，如图 9.13 所示），这里的"源"不是指电源，而是指振荡源。

图 9.12　有源蜂鸣器

图 9.13　无源蜂鸣器

2. 按构造方式分类

按构造方式，蜂鸣器可分为压电式蜂鸣器和电磁式蜂鸣器。压电式蜂鸣器用的是压电材料，即当受到外力导致压电材料发生形变时，压电材料会产生电荷。同样，当通电时压电材料会发生形变。电磁式蜂鸣器主要是利用通电导体会产生磁场的特性，用一个固定的永久磁铁与通电导体产生磁力推动固定在线圈上的鼓膜。

3. 按封装形式分类

按封装形式，蜂鸣器可分为插针式蜂鸣器和贴片式蜂鸣器。

4. 按电路中的电流分类

按电路中的电流，蜂鸣器可分为直流蜂鸣器和交流蜂鸣器。

9.3.2　有源蜂鸣器和无源蜂鸣器

有源蜂鸣器是一种常用蜂鸣器，内部有振荡驱动电路，加电源就可以发出声响。其优点是用起来省事，缺点是频率固定，只有一个单音。无源蜂鸣器内部不带振荡源，与电磁式扬声器一样，需要连接在音频输出电路中，加 2～5 kHz 的方波信号去驱动才能发声。其优点是价格低、声音频率可控，可以做出单音符的乐曲效果。

区分上面两种蜂鸣器的方法有以下两种。

（1）从外观上看，两种蜂鸣器的高度略有区别，有源蜂鸣器的高度为 9 mm，而无源蜂鸣器的高度为 8 mm。当将两种蜂鸣器的引脚都朝上放置时，可以看出有绿色电路板的是无源蜂鸣器，没有绿色电路板而用黑胶封闭的是有源蜂鸣器。

（2）用万用表的 $R×1\,Ω$ 电阻挡测量，黑表笔连接蜂鸣器的"−"引脚，红表笔在另一引脚上来回接触，如果发出咔、咔声，且电阻为 8 Ω（或 16 Ω）的，是无源蜂鸣器；如果能发出持续声音的，且电阻在几百欧以上的，是有源蜂鸣器。

9.4 耳机的类别

常见的耳机类产品如图 9.14 所示，分别为耳机、耳麦和耳塞。

图 9.14　耳机、耳麦、耳塞

耳机、耳麦、耳塞在电子产品的放音系统中代替扬声器播放声音。它与扬声器一样，将模拟电信号转换为声音信号。

耳麦是耳机与传声器的整合体，它不同于普通的耳机。普通耳机往往是立体声的，而耳麦多是单声道的，同时，耳麦有普通耳机所没有的传声器。

耳塞是小型耳机，可塞在耳中，常用在收音机和助听器上。

耳机类产品常按照下面方法进行分类。

1. 按换能方式分类

按换能方式，耳机可分为动圈式耳机、动铁式耳机、静电式耳机和等磁式耳机。

2. 按结构功能方式分类

按结构功能方式，耳机可分为半开放式耳机和封闭式耳机。

3. 按佩戴形式分类

按佩戴形式，耳机可分为耳塞式耳机、挂耳式耳机、入耳式耳机和头戴式耳机。

4. 按佩戴人数分类

按佩戴人数，耳机可分为单人耳机和多人耳机。

5. 按音源分类

按音源，耳机可分为有源耳机和无源耳机。有源耳机也常被称为插卡耳机。

实训 19　基于 LM386 的喊话器电路的搭建

扫一扫看基于 LM386
的喊话器电路的搭建
微课视频

1. 实训目的

掌握 LM386 音频功率放大器电路及传声器和扬声器的使用方法，并实现喊话器的功能。

2. 实训电路

本实训项目的电路如图 9.15 所示。

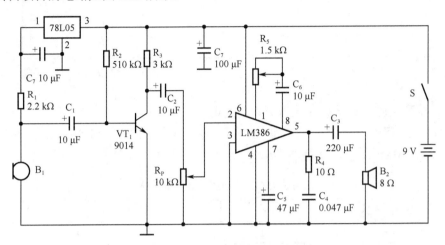

图 9.15 基于 LM386 的喊话器电路

3. 电路原理

LM386 是美国 TI 公司生产的音频功率放大器，采用 8 脚双列直插式封装。引脚 6 接电源正极，引脚 4 接地，引脚 2 为反相输入端，引脚 3 为同相输入端，引脚 5 为输出端，引脚 1、7、8 用于外接元件来改善电路的性能，内部电路是一个三级放大电路。

驻极体传声器 B_1 把声音信号转化为电信号，此信号很微弱，通过耦合电容 C_1 加到 VT_1 的基极，VT_1 构成共射极放大电路对信号加以放大，从 VT_1 的集电极输出，经耦合电容 C_2 加到 LM386 的反相输入端引脚 2，同时引脚 3 接地，经过 LM386 内部对信号进行三级放大后，由引脚 5 输出信号，然后经过耦合电容 C_3 送至扬声器，推动其发出声音。LM386 的引脚 1 和引脚 8 接上一个可调电阻 R_5 和电容 C_6 组成的串联 RC 网络，可用来调节 LM386 的放大信号倍数。当 $R_5=0$ 时，电压放大倍数为 200。LM386 的引脚 7 接电容 C_5 可防止产生自激。另外，引脚 5 经过 R_4 和 C_4 接地，可使扬声器发出的声音柔和。

4. 实训器材

所用实训器材有直流电源、万用表等，电路的元器件清单如表 9.1 所示。

表 9.1 元器件清单

编号	元器件名称	型号与参数	数量（个）
1	集成电路	LM386、78L05	各 1
2	电阻	2.2 kΩ、510 kΩ、3 kΩ、10 Ω	各 1
3	可调电阻	10 kΩ、1.5 kΩ	各 1
4	陶瓷电容	0.047 μF	1
5	电解电容	100 μF	1
6	电解电容	220 μF、47 μF	各 1
7	电解电容	10 μF	4

续表

编号	元器件名称	型号与参数	数量（个）
8	晶体管	9014	1
9	驻极体传声器		1
10	扬声器	8 Ω	1

5. 实训步骤

（1）先按图 9.15 搭建电路，检查无误后通电。

（2）先不接传声器，在无输入信号的情况下，测试整机的静态输出电流，大约为 7 mA。

（3）测试 LM386 各引脚的静态电压值，如表 9.2 所示。

表 9.2　LM386 引脚的静态电压值

LM386 引脚	1	2	3	4	5	6	7	8
电压值（V）	1.2		0	0	3	6	2	1.2

（4）在电压电流正常后，将 R_P 音量调节器放在中间的位置，并用螺钉旋具碰触 VT_1 的基极，扬声器发出"咔嚓…咔嚓…"声音，说明电路正常。

（5）连接传声器 B_1，微调 R_P，对准传声器讲话，扬声器应有放大后发出的声音，如若无声音，检测传声器的连接线是否接错，或检查传声器的质量。

（6）在设计喊话器电路时，传声器和扬声器不要靠得太近，否则在使用时会发生啸叫，而传声器的引出线最好使用屏蔽线。

6. 问题与思考

（1）集成电路 78L05 的作用是什么？如果不使用它时会出现什么情况？

（2）晶体管集电极的静态电压，如果严重偏离电源电压的一半，应如何处理？

第10章

其他常用元器件

10.1 石英晶体振荡器

扫一扫看第 10 章其他常用元器件教学课件

石英是矿物质硅石的一种,现在也可以人工制造,其化学成份是 SiO_2。石英的硬度仅次于金刚石,而且性能比较稳定,石英的体积和密度受外界温度和压力的影响很小,因此标准性很高。按一定方位角切割的石英晶体薄片(简称晶片,可以是正方形、矩形或圆形)构成的石英晶体振荡器,其品质因数 Q 很高,数值可达几万,而且具有压电效应。

10.1.1 晶体振荡器的工作原理

石英晶体振荡器就是利用石英晶体的压电效应制成的一种谐振器件。若在石英晶片的两端加一个电场,晶片就会产生机械变形。反之,若在晶片的两端施加一定的机械压力,在晶片相应的方向上将产生电场,这种现象称为压电效应,而且这种效应是可逆的。如果在晶片的两极上加交流电压,晶片就会产生往复的机械振动,同时晶片往复的机械振动又会产生交变电场。在一般情况下,晶片压电效应的程度非常小,即机械振动的幅值和交变电场的幅值都非常小,但当外加交变电压的频率正好与晶片的固有谐振频率相同时,会发生压电谐振,幅值会明显增大,比其他频率下的幅值大得多,这种现象称为压电谐振。压电谐振现象与 LC 谐振现象很相似。

石英晶体被切割成石英晶片后,分别在它的两个对应面上涂敷银层作为电极,电极上再各焊一根引线接到引脚上,再加上封装外壳(通常为金属外壳)就构成了石英晶体振荡器,简称为晶体振荡器或晶振。

10.1.2 晶体振荡器的图形符号和等效电路

由上述内容可知，石英晶片相当于一个串联谐振电路，因此可用 L、C 和 R 来模拟石英晶体。其图形符号和等效电路如图 10.1 所示。

其中，C_0 为静态电容，它是以石英为介电材料在两个极板间所形成的电容，即晶振两个引脚之间的寄生电容，其容量主要决定于石英晶片的尺寸和电极的面积，通常为几到几十 pF。

C 为弹性电容，相当于晶振的等效弹性模数，$C_0 \gg C$。

L 为惯性电感，相当于晶振的机械振动惯量。

R 为摩擦电阻，相当于晶振机械振动中的摩擦损耗。

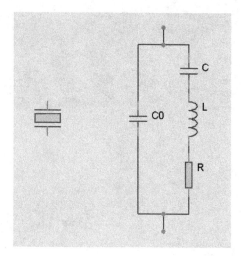

图 10.1　晶振的图形符号和等效电路

晶振的 L 值特别大，C 值特别小，所以特性阻抗 $\rho = \sqrt{\dfrac{L}{C}}$ 比较大，品质因数 $Q = \dfrac{\rho}{R}$ 非常高，通常为几万至几百万。

分析晶振的等效电路可知，它会有两个谐振频率。

（1）当 L、C、R 支路发生串联谐振时，谐振频率 f_s 具备串联谐振的特点，此时的等效阻抗最小（等于 R），晶振呈纯阻性。

$$f_s = \frac{1}{2\pi\sqrt{LC}}$$

（2）当频率大于 f_s 并且小于并联谐振频率时，L、C、R 支路呈现感性，与电容 C_0 发生并联谐振，并联谐振频率用 f_d 表示。

$$f_d = \frac{1}{2\pi\sqrt{LC'}}$$

其中，C' 为 C_0 和 C 串联后的电容值，由于 $C_0 \gg C$，所以 C' 仅比 C 小一点点，也就是说并联谐振频率 f_d 只比串联谐振频率 f_s 大一点点。晶体振荡器的阻抗频率曲线如图 10.2 所示。

在 $f_s \sim f_d$ 这个极窄的频率范围内，晶体振荡器等效为一个电感，所以只要晶体振荡器的两端并联合适的电容就可能组成并联谐振电路。把并联谐振电路加到一个负反馈电路中就可以构成正弦波振荡器。由于晶体振荡器等效为电感后频率范围很窄，所以即使所接其他元件的参数变化很大，这个正弦波振荡器的频率也不会有很大的变化。

晶体振荡器是为电路提供基准频率（时钟）的元件，通常分为有源晶振（一般为四端元件）和无

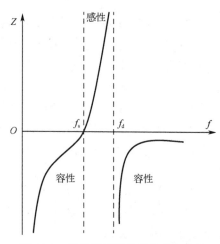

图 10.2　晶体振荡器的阻抗频率曲线

源晶振（一般为两端元件）两类。无源晶振需要借助于放大电路才能产生振荡信号，自身无法振荡起来；有源晶振则是一个完整的振荡器，内部包含了无源晶振和放大电路。无源晶振通常信号质量和精度较差，需要精确匹配外围电路（如电容、电阻等），如果更换晶振时就要更换外围的匹配电路。有源晶振可以直接输出高精度的基准频率信号，信号质量要比无源晶振好。通常每种芯片（如单片机）的工作手册上都会提供外接无源晶振的标准电路，会标明可接的最高晶振频率等参数。与计算机或手机所用的 CPU 不同，单片机所能接受的晶振频率相对较低，但对于一般的控制电路来说是足够的。如图 10.3 所示为常见的直插式晶振。

图 10.3　常见的直插式晶振

如图 10.4 所示为常见的贴片式晶振。

图 10.4　常见的贴片式晶振

10.1.3　有源晶体振荡器的内部电路

如图 10.5 所示是一个串联型有源晶体振荡器，晶体管 VT_1 和 VT_2 构成两级放大器，晶振 XT 与电容 C_2 构成 LC 振荡电路。在这个电路中，晶振相当于一个电感，调节可变电容 C_2 可使电路进入谐振状态。该振荡器的输出信号波形为方波。

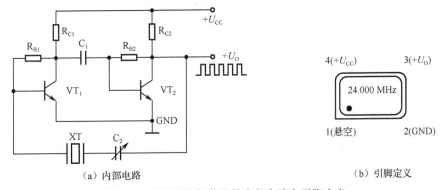

（a）内部电路　　　　　　　　　　　　　　（b）引脚定义

图 10.5　有源晶体振荡器的内部电路和引脚定义

有点标记的位置为引脚 1，按逆时针（元件的引脚向下）方向分别为引脚 2、引脚 3 和引脚 4。通常的用法：引脚 1 悬空，引脚 2 接地，引脚 3 为输出端，引脚 4 接正电源。

有些有源晶振会使用引脚 1 作为使能端，这种晶振具备使能功能，也就是可以通过使能信号使振荡器关闭以节约能量。

如图 10.6 所示为 SG-3030 型有源晶振的内部电路，包含稳压电路、振荡电路和双 MOS 管推拉输出电路。还有一个 U_{IO} 端，如果不使用时应该将它和 U_{CC} 端连接，这时输出脉冲的高电平为 U_{CC}；如果需要其他幅度如+10 V 的脉冲，可以将 U_{IO} 连接到相应的电位点上。

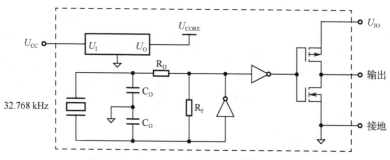

图 10.6　SG-3030 型有源晶振的内部电路

相对于无源晶振，有源晶振的缺点是其信号电平是固定的，需要选择好合适的输出电平，所以灵活性较差，而且价格相对较高。对于单片机或微机的应用，有源晶振不需要使用 CPU 的内部振荡电路，信号质量好，比较稳定，而且连接相对简单，大部分有源晶振使用金属屏蔽封装，减少了对外电路的干扰。

对于时序要求高的单片机应用，建议使用有源晶振，还可以选用精度比较高的具备温度补偿功能的有源晶振。

有些芯片的内部没有振荡电路，只能使用有源晶振，如 TI 公司的 6000 系列 DSP 等。

一般来说，有源晶振相比于无源晶振的体积大，许多有源晶振是表面贴装形式的。

10.1.4　晶体振荡器的主要性能参数

晶体振荡器的主要性能参数如表 10.1 所示。

表 10.1　晶体振荡器的主要性能参数

名　称	定　义	说　明
工作频率	晶体振荡器正常振荡所产生的信号频率	晶体振荡器的频率范围一般为 1～70 MHz，但也有 32.768 kHz 的特殊低频晶体振荡器。晶体振荡器的物理厚度限制其频率上限。由于制造技术的发展，晶体振荡器的频率上限已从前些年的 30 MHz 提升到目前的 300 MHz 左右。工作频率一般按晶体振荡器工作温度为 25 ℃时的值标出
频率精度	频率精度也称为频率容限，该指标反映晶体振荡器的实际频率与应用要求频率间的接近程度	频率精度常用与特定频率相比的偏移来表示。例如，对精度为±100 ppm（ppm，表示百万分之一）的 10 MHz 晶体振荡器来说，其实际的工作频率可能会在 10 MHz±1 000 Hz 之间。典型的频率精度范围为 1～1000 ppm。精度很高的晶体振荡器可能为十亿分之几（ppb，表示十亿分之一）

续表

名　称	定　义	说　明
频率稳定度	频率稳定度是指在一个特定温度范围内，实际频率与标称频率的背离程度	频率稳定度也以 ppm 给出，根据晶体振荡器种类的不同，该指标从 10 ppm 到 1 000 ppm，变化很大。具有温度补偿功能的晶体振荡器的频率稳定度可达到±0.1 ppm

石英晶体振荡器的频率稳定度很高，作为系统时钟时可以实现几十年不差 1 s，用于航空航天设备时可实现飞行上万千米后轨道误差不到 1 m。

10.1.5　晶体振荡器的应用电路

根据晶体振荡器的作用，晶体振荡器可分为并联型和串联型两类。并联型晶体振荡器是将其作为等效电感元件用在三点式电路中，工作在感性区；串联型晶体振荡器是将其作为短路元件串联在放大电路的正反馈支路中，工作在它的串联谐振频率上。

如图 10.7 所示为并联型晶体振荡器电路，根据图 10.2 可知，晶体振荡器在极窄的 f_s～f_d 频率范围内等效为一个电感，因此该电路即为电容三点式振荡器。

如图 10.8 所示为串联型晶体振荡器电路，该电路与电容三点式振荡器电路很相似，所不同的是，反馈信号是经晶体振荡器接入发射极实现正反馈。若选频后的振荡频率等于石英晶体振荡器的串联谐振频率，晶体振荡器就会呈现最小的电阻，实现最强的正反馈信号，满足振荡条件，振荡电路即可起振。

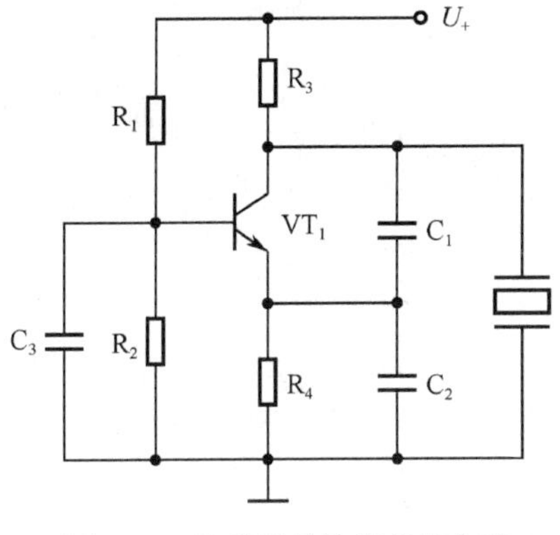

图 10.7　并联型晶体振荡器电路

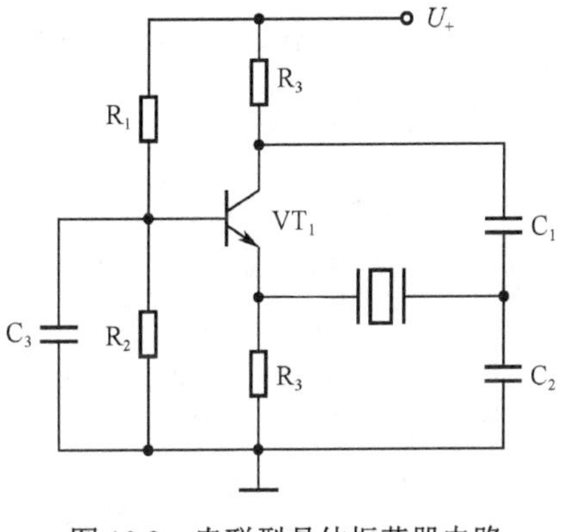

图 10.8　串联型晶体振荡器电路

如图 10.9 所示的晶体管晶体振荡器可以在频率 2～20 MHz 范围工作，晶体振荡器可以使用 2.2 kΩ 电阻和两个 1N4148 形成 1.2 V 的稳定电压，通过 33 kΩ 电阻给晶体管 2N3904 提供基极电流。

图 10.10 与图 10.9 在结构上很相似，但是使用了结型场效应晶体管，由于结型场效应晶体管有很好的输入阻抗特性，所以晶体振荡器可以保持很高的 Q 值，电路具有很高的频率稳定度，可以在宽频率范围内更换晶体振荡器。

图 10.10 与图 10.9 的工作原理也类似，晶体管或场效应晶体管起反相放大器的作用并提供 180° 的相移，电路的其他元件提供另外的 180° 相移，从而形成振荡输出正弦波信号。

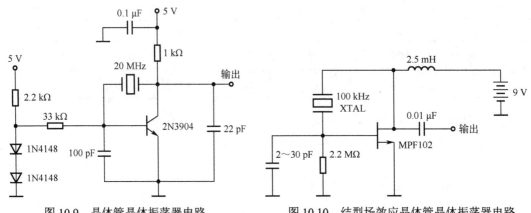

图 10.9　晶体管晶体振荡器电路　　　　图 10.10　结型场效应晶体管晶体振荡器电路

如图 10.11 所示为由两种常用门电路组成的时钟信号发生器，信号为 CMOS 电平输出，频率等于晶体振荡器的并联谐振频率。

在图 10.11（a）中，74HC04 反相器相当于一个有很大增益的放大器，R_2 是反馈电阻，取值一般大于等于 1 MΩ。它的作用是使反相器在振荡初始时处于线性工作区，不可以省略，否则可能加电后不能起振。R_1 用于驱动电位的调整缓冲，可以防止晶体振荡器被过分驱动而工作在高次谐波频率上。C_1、C_2 为负载电容，对振荡频率稍微有一点影响。74HC04 可以用其他 CMOS 反相器代替，但不能用 TTL 反相器，因为 TTL 反相器的输入阻抗不够大，远小于电路的反馈阻抗。

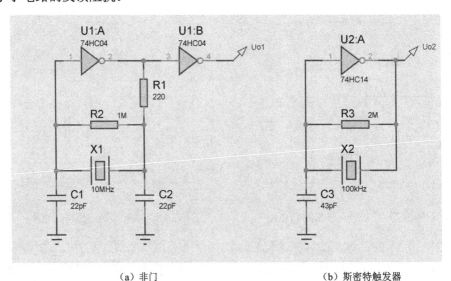

（a）非门　　　　　　　　　　　（b）斯密特触发器

图 10.11　时钟信号发生器

在实际使用时，要选择好 R_1 和 R_2 的值，太小的 R_1 或太大的 R_2 有可能会导致电路振荡在晶体振荡器的高次谐振频率上（常见的是 3 次谐波，如谐振频率为 1 MHz 的晶体振荡器会产生 3 MHz 频率的输出信号）。

对于谐振频率为 10 MHz 的晶体振荡器，采用如图 10.11（a）所示的电阻值可以使电路稳定输出 10 MHz 频率的方波信号。

实际上有很多的集成电路芯片如单片机芯片等，当外接晶振时只需要配置两个电容即可，因为芯片内部集成了反相器和电阻。

如图 10.12 所示为使用比较器搭建的晶体振荡器电路。该晶体振荡器电路中的比较器被设置为直流负反馈，两个 2 kΩ 电阻串联得 2.5 V 的电压。在没有晶体振荡器的情况下，该电路可以看成电压跟随器，插入晶体振荡器后即形成正反馈电路并开始振荡。

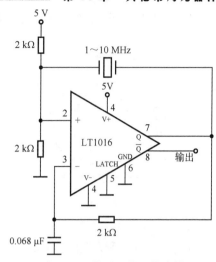

图 10.12　使用比较器搭建的
晶体振荡器电路

10.2　陶瓷谐振器和声表面滤波器

可产生谐振频率信号的电子元件除石英晶体振荡器外，常用的还有陶瓷谐振器。陶瓷谐振器的频率精度要低于石英晶体振荡器，但成本较低。陶瓷谐振器的频率稳定度要低一些，石英晶体振荡器可以代替陶瓷谐振器，但是陶瓷谐振器不一定能代替石英晶体振荡器，陶瓷谐振器多用在电视遥控器、玩具等对精度要求不高的低端电子产品中，而石英晶体振荡器常用在仪器仪表、通信设备、计算机等高端电子产品中。陶瓷谐振器有两引脚和三引脚两种形式，如图 10.13 所示为常见的陶瓷谐振器。

图 10.13　常见的陶瓷谐振器

声表面滤波器有多种引脚形式，常见的声表面滤波器如图 10.14 所示。

声表面滤波器的英文简写为 SAWF，是利用压电材料的压电效应和声表面波传播的物理特性制成的一种换能式带通滤波器。早期的声表面滤波器主要应用于电视机等家电产品，由于电子信息特别是通信产业的高速发展，声表面滤波器得到更加广泛的应用。移动通信系统的发射端（TX）和接收端（RS）必须经过滤波器滤波后才能发挥作用，所以大量使用了小型射频声表面滤波器，而且在工作频段、体积和性价比等方面比传统的 LC 滤波器、压电陶瓷滤波器和单片晶体滤波器更有优势。

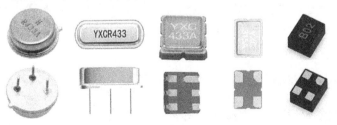

图 10.14　常见的声表面滤波器

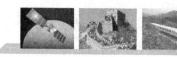

如图 10.15 所示为常见的声表面滤波器的应用电路。

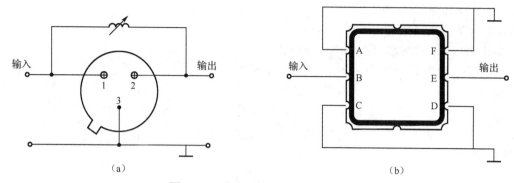

（a）　　　　　　　　　　　　　　　　　（b）

图 10.15　声表面滤波器的应用电路

如图 10.16 所示为某声表面滤波器的频率衰减特性曲线，可以看出当输入频率在 1575 MHz 左右时衰减最小，所以达到了滤除其他杂波的作用。

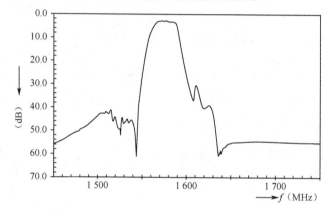

图 10.16　某声表面滤波器的频率衰减特性曲线

10.2.1　工作原理和特点

陶瓷谐振器的工作原理类似于石英晶体振荡器的逆压电效应原理，陶瓷谐振器既可以把电能转换为机械能，也可以把机械能转换为电能。陶瓷谐振器按照外形可分为直插式和贴片式两种。陶瓷谐振器的频率稳定度只有千分之几，但是陶瓷谐振器相比晶体振荡器更容易起振，驱动电路更加简单。

声表面滤波器的工作原理是输入换能器将电信号变成声信号，沿晶体表面传播，输出换能器再将接收到的声信号变成电信号输出。声表面滤波器的特点是稳定性好，抗电磁波干扰，动态范围大，适应的频带宽，而且它的体积小、质量轻，装入电路后无须调整，有利于实现机械化装配。但它最大的不足是存在插入损耗，声表面滤波器有 12～15 dB 的插入损耗，这一损耗可用放大电路的增益来补偿。

10.2.2　无线发射和接收电路的应用注意事项

早期的发射机较多使用 LC 振荡器，频率漂移较为严重。声表面滤波器的出现解决了这一问题，其频率稳定性与晶振大体相同，但是其基频可达几百 MHz 甚至上千 MHz，而且无须倍频，与晶振相比电路极其简单。通断键控（on-off keying，简写为 OOK）是幅移键控（ASK）的一个特例。OOK 调制的电路简单、容易实现、工作稳定，因此在汽车、摩托车报警器，仓库大门，以及家庭保安系统中得到广泛的应用。如图 10.17 所示的 OOK 调制发射电路，由于使用了声表面滤波器，电路工作非常稳定，即使用手接触天线、声表面滤波器或电路其他部位，发射频率均不会漂移，发射距离可达 200 m 以上。

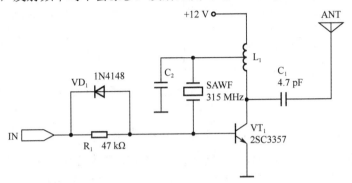

图 10.17　OOK 调制发射电路

在应用无线发射和接收电路时应注意以下事项。

由晶振或陶瓷谐振器组成的时钟电路通常是电路系统中最严重的 EMI（电磁干扰）辐射源，为了提高电路的稳定性，减少时钟电路对电路其他部分产生干扰，需要注意以下事项：

（1）陶瓷谐振器及无源晶振，要尽量靠近驱动晶体管或其他芯片。

（2）有源晶振的输出线要尽可能短；所有时钟电路都必须尽量靠近驱动器件，必要时可以使用互相独立的多个时钟电路，或者采用多层 PCB 将不同时钟连线进行屏蔽，形成上下都是地的夹心层。

（3）陶瓷谐振器及晶振的下面尽量不要设置其他的电路连线。

（4）晶振的信号线应该尽量短，而且与其他的信号线需要保持至少 20 mil（1 mil=0.025 4 mm）的间距，其他的信号线最好使用地线进行隔离，或者对晶振的信号线进行包地处理。

（5）晶振的信号线要粗细一致，走线时尽可能不穿过孔，以免产生相应的寄生电容。

在很多情况下，单片机等系统无法正常工作是其中的陶瓷谐振器或石英晶体振荡器出现了问题，这时可以用万用表来测量陶瓷谐振器或石英晶体振荡器是否有输出，两个引脚电压是否为芯片工作电压的一半。例如，C51 系列单片机的工作电压是+5 V，测量到的电压应该是 2.5 V 左右。

实用电路 9　无线发射和接收电路设计

集成电路 MICRF102 可完成调制和无线发射功能，并具有电源关断控制端，使用晶体振荡器的频率为射频频率的 1/32，电路如图 10.18 所示。

集成电路 MICRF002 可完成无线接收及解调功能，并具有电源关断控制端，性能稳定，使用非常简单。MICRF002 使用陶瓷谐振器，可以换用不同频率的谐振器，接收频率为300～440 MHz。MICRF002 具有扫描模式和固定模式两种工作模式。扫描模式主要用来和 LC 振荡发射机配套使用，接收带宽可达几百 kHz。LC 振荡发射机的频率漂移较大，在扫描

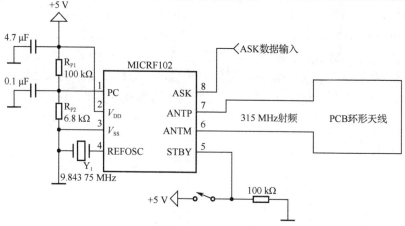

图 10.18　MICRF102 无线发射电路

模式下，数据速率为每秒 2.5 KB。固定模式的带宽只有几十 kHz，此模式用来和晶体振荡器或声表面滤波器稳频的发射机配套使用，数据速率可达每秒 10 KB。MICRF002 可以使用唤醒功能来唤醒译码器或 CPU，最大限度地降低系统功耗。MICRF002 为完整的单片超外差式接收电路，基本实现了从天线输入到数据直接输出的功能，接收距离一般为 200 m。如图 10.19 所示为 MICRF002 无线接收和解调电路。

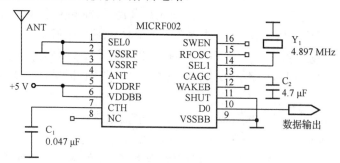

图 10.19　MICRF002 无线接收和解调电路

实训 20　使用 CD4060 的振荡和分频电路的搭建

扫一扫看使用 CD4060 的振荡和分频电路的搭建微课视频

1. 实训目的

掌握晶体振荡器电路的搭建和测试方法。

2. 实训电路

本实训项目的电路如图 10.20 所示。

3. 电路原理

CD4060 是由一个振荡器和 14 位二进制串行计数器组成的集成电路，振荡器的结构可以是 RC 或晶体振荡器电路，由二进制串行计数器形成分频器，也就是信号的频率越来越低，在 Q13 引脚输出的频率将是振荡信号频率 32 768 Hz 除以 2^{14}，即 2 Hz。

CD4060 内部的振荡器由两个反相器组成，根据图 10.11（a）电路搭建的晶体振荡器电路如图 10.21 所示，电路如果不起振，可以适当调整 22 MΩ 电阻的阻值。

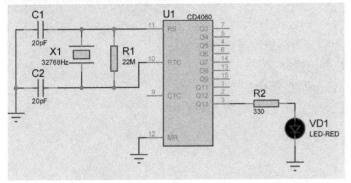

图 10.20　使用 CD4060 的振荡和分频电路

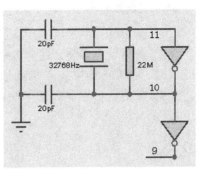

图 10.21　CD4060 晶体振荡器电路

4. 实训器材

所用实训器材包括直流电源、万用表、频率计等，电路的元器件清单如表 10.2 所示。

表 10.2　元器件清单

序号	元器件编号	元器件型号或参数	备　注
1	U_1	CD4060	
2	C_1，C_2	22 pF	
3	R_1	22 MΩ	1/4 W
4	R_2	330 Ω	1/4 W
5	VD_1	LED 红色	
6	X_1	32 768 Hz	晶振

5. 实训步骤

（1）按图 10.20 连接电路。

（2）调节电源电压为 5 V，加电后观察发光二极管 VD_1 的闪烁情况，并使用秒表测量频率。

（3）使用频率计测量 CD4060 引脚 9 输出脉冲的频率。

（4）缓慢逐渐增大电源电压到 15 V，观察频率计上的频率数字和发光二极管 VD_1 的闪烁情况。

（5）记录数据和现象。

6. 实训测量结果记录

将实训测量结果写入表 10.3 中。

表 10.3　实训结果记录

序号	参 数 名 称	结果或现象	备　注
1	引脚 3 的输出脉冲的频率		发光二极管 VD_1 的闪烁频率
2	引脚 9 的输出脉冲的频率		振荡频率
3	当电源电压发生变化时表中第 1 和第 2 项的值是否发生变化		

7. 问题与思考

（1）如果加电后发现发光二极管 VD_1 不闪烁，应如何处理？

（2）如何检查晶体振荡器电路是否起振？

（3）引脚 12 如果接+5 V 或悬空，分别会怎样？

（4）发光二极管 VD_1 的串联电阻有什么作用？可否省略不用？

反侵权盗版声明

电子工业出版社依法对本作品享有专有出版权。任何未经权利人书面许可，复制、销售或通过信息网络传播本作品的行为，歪曲、篡改、剽窃本作品的行为，均违反《中华人民共和国著作权法》，其行为人应承担相应的民事责任和行政责任，构成犯罪的，将被依法追究刑事责任。

为了维护市场秩序，保护权利人的合法权益，我社将依法查处和打击侵权盗版的单位和个人。欢迎社会各界人士积极举报侵权盗版行为，本社将奖励举报有功人员，并保证举报人的信息不被泄露。

举报电话：（010）88254396；（010）88258888

传　　真：（010）88254397

E-mail：　dbqq@phei.com.cn

通信地址：北京市海淀区万寿路 173 信箱
　　　　　电子工业出版社总编办公室

邮　　编：100036